WAS IST WAS
宇宙中的星体
打开探索宇宙的大门

WAS IST WAS
改变世界的电
高电压与超导体

WAS IST WAS
浩瀚宇宙
宇宙的秘密

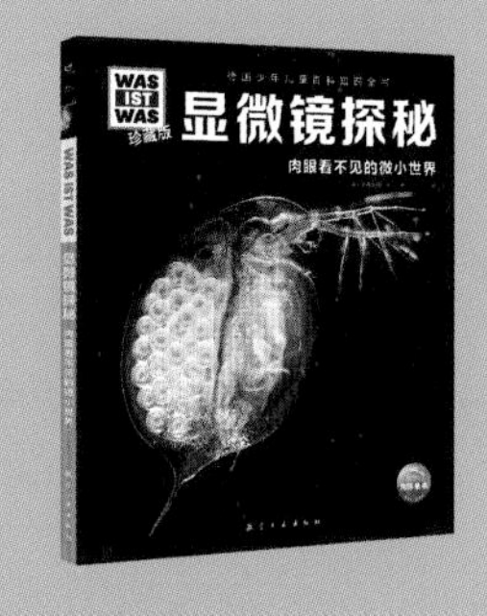

未完待续……

WAS IST WAS

珍藏版

沙漠之旅

驼队、绿洲和无尽的远方

[德] 雅丽珊德拉·韦德斯 / 著　张依妮 / 译

航空工业出版社

方便区分出
不同的主题!

真相大搜查

巨大的流动沙丘,像比拉沙丘,每年可以移动许多米。但是沙丘到底是怎样形成的?

在北极与南极存在着面积巨大的荒漠地带。因为在极地地区,植物与动物的生态环境与在炎炎酷暑中同样恶劣。

仙人掌可以在一场雨后储存数千升的水,这多亏了它的一个绝招。

30 荒漠中的旅途

符号 ▶ 代表内容特别有趣！

40

荒漠里的都市：迪拜拥有世界上最高的建筑物。

42

无花果、椰枣、小米……绿洲创造了荒漠中的绿色奇迹。

蓝色的头巾，自豪的眼神：图阿雷格人曾经是撒哈拉沙漠里最富有的民族。现今在他们之中只有少数人能作为游牧民生存下去。

42 荒漠中的宝藏

44

现在仍然还会从荒漠里获取盐。但是稀土资源更紧俏。

34

巴黎－达喀尔赛车拉力赛，前往廷巴克图的探险：一直以来，荒漠都吸引着冒险家的到来。

48 名词解释

重要名词解释！

沙尘暴里的赛跑

"四大极地超级马拉松赛"穿越阿塔卡马沙漠、撒哈拉沙漠、戈壁沙漠与南极地区——也就是全世界最干燥、最炎热、风力最强、最寒冷的荒漠。安妮－玛丽·弗拉梅尔斯费尔德在第一次参加比赛的时候，就赢得了一年内的所有四场赛跑。

荒漠女王

安妮－玛丽·弗拉梅尔斯费尔德 2012 年在"四大极地超级马拉松赛"的所有四场比赛中获胜，成为第一位获此荣誉的德国人，也成为第一位获此荣誉的女性。这位女性极限运动员 1978 年生于杜伊斯堡，毕业于德国科隆体育学院。2007 年她搬到阿尔卑斯山地区，经营着自己的公司"全山健身"(all mountain fitness)，她同时在公司里担任私人教练。

你是如何想到在一年时间里跑遍四大荒漠——并且还在六天里奔跑 250 千米？

有一次在智利旅游的时候，我偶然结识了一位跑步选手，他正在去南极参加第四场赛跑的路上。他所说的一切让我特别着迷，所以我一定要参加这个比赛。我当时才跑过两场马拉松，并且不知道有这种挑战极限的比赛。之后我从 2011 年开始训练，2012 年就参加了比赛。

你是怎样在如此短的时间内准备好的？

我每周都差不多跑 150 千米，大多数时候一次跑 40 千米。很幸运的是，在我所居住的圣莫里茨，每年六个月都是冬天。因为在雪地跑步，与在荒漠中的沙地里跑步非常相似。但是我无法训练对抗炎热气候的能力，所以最后我把我的踏步机放到桑拿房里去了。

哪里的景色最美呢？

在阿塔卡马沙漠，那里远处有被冰雪覆盖的火山，在夜晚还有辽阔的星空。另外在戈壁沙漠，那崎岖不平的景色，还有许多在平原上无法看见的峡谷。每天大约三十次迂回曲折地下到峡谷里，穿过干涸的河床，然后从另一面再上去。但是我很擅长爬坡！在戈壁沙漠里我们也经历过沙尘暴袭击。那真是很惊险！

哪个荒漠是跑起来最吃力的？

肯定是撒哈拉！那里非常热，周围的景色也几乎没什么变化，到处都只有沙子。但是我之后发现，那些沙子的形状千变万化：有细得像来自沙滩的沙子，黄色的像咖喱的沙子，或者发出"嘎吱嘎吱"声音的贝壳沙。跑步的时候人总是会往下陷——往前跑一步，往后退两步……

你曾经也害怕过自己会迷路吗？

许多人曾经都迷路过。每个赛段都用插在地上的红色小旗标记出来，如果参赛者们在酷暑中跑了 40 或 80 千米，在疲惫状态下很容易就会忽略它们。但幸运的是，我还没有遇到过这种事情。

撒哈拉沙漠

长袖运动衫可以保护沙漠赛跑者减少极强阳光照射的影响；护腿防止沙子进入鞋子里。

阿塔卡马沙漠

速食食品、坚果、换洗衣物、包扎用品：安妮－玛丽·弗拉梅尔斯费尔德的背包可以重达8千克。所有的赛跑者都要在一周内自给自足。

戈壁沙漠

赛跑者们平均每天可以跑8到9个小时。有些人也会选择步行，特别是在多石的地带。

世界四大极地超级马拉松赛

每年“极地长征”机构都会举办“四大极地超级马拉松赛”，也就是要穿越四大荒漠。每场比赛的路程是250千米，并且分为六个赛段：周日到周三跑40千米，周四跑80千米，周五休息，然后周六跑10千米直达目的地。

南极地区

-15℃，带着被太阳晒伤的嘴唇：安妮－玛丽·弗拉梅尔斯费尔德在南极地区的寒漠里跑赢了四场赛跑的最后一场。

你在跑步的时候会想到什么？

在最初的一小时里，我头脑里还会想许多事情，但是越是适应节奏，身体就越是如同马达一样自动运转，并且大脑就会关机。但是在疲惫的时候，只能通过心理暗示的方法让自己重新振作。比如说我就一直念着这句话：“每跑一步，我的能量就会恢复一点。”

你事实上也穿越过一片冰漠。那是一种怎样的体验？

我还从来没有见过那些色调各异，蓝得耀眼的冰山。然后还有那些野生动物：座头鲸，企鹅……有一天休息，我就去借了一艘划艇。在南极地区的水里划船，并且想象我现在正在地球的底部，这种感觉真的很疯狂！

哪个瞬间会深深留在脑海里？

那是在阿塔卡马沙漠里的第一场赛跑的第5天。我刚跑完了80千米，我想总该到达目标了吧？然后我穿过了一个关口，终于看见了我们营地的蓝色塑料卫生间。我还从来没有因为看见了一个卫生间而如此高兴过！那一刻我就明白了：我已经遥遥领先，这次的荒漠赛跑是我赢了。我抬头看天空，一边是雪白的云朵，另一边有漆黑的雷雨云在缓缓靠近——对我来说，那就是最美的瞬间。

世界各地的荒漠

1 索诺拉沙漠

巨大的仙人掌与奇形怪状的岩石：索诺拉沙漠拥有约32万平方千米的面积，它是地球上最大、并且也是最丰富多彩的荒漠之一。

北回归线

赤道

南回归线

荒漠占我们地球表面面积的十分之一。如果只看陆地面积，地球的五分之一都是荒漠。这张地图显示，地球的南北回归线附近有特别多的荒漠，所以人们也称它们为“地球的干燥带”。顺便一提，绝大多数的干燥荒漠都位于北半球！

2 阿塔卡马沙漠

观星者的天堂：在极度干燥且荒无人烟的阿塔卡马沙漠里，空气特别澄澈。这片沿海荒漠位于安第斯山脉的脚下，并不是特别宽，却长一千多千米，从秘鲁一直延伸到巴塔哥尼亚。

3 南极地区

你曾经看过一棵棕榈树或者仙人掌长在一座冰山上吗？当然没有。虽然如此，地球上的冰原也属于荒漠。它们叫作冰漠！地球南部的南极地区拥有超过1300万平方千米的荒漠，这是全世界面积最大的荒漠。

4 撒哈拉沙漠

它是所有荒漠的最高代表——并且大多数人提到这个名字马上就会想到沙子。但是在撒哈拉沙漠超过900万平方千米的面积中，有80%以上的地区都是被石头所覆盖的。

5 戈壁沙漠

双峰驼的家乡：戈壁沙漠深处内陆地区，导致雨云几乎无法到达。戈壁沙漠属于冷荒漠，所以这里的骆驼也拥有厚实的皮毛。

6 鲁卜哈利沙漠

这是全世界最大的流动沙漠，它的名字的意思是“空旷的四分之一”，因为占据了阿拉伯半岛面积的四分之一。它的面积是德国的两倍。

7 维多利亚大沙漠

红色是澳大利亚内陆地区的典型颜色，这个地区由灌木丛林地与多个荒漠组成。维多利亚大沙漠是其中最大的一个沙漠。

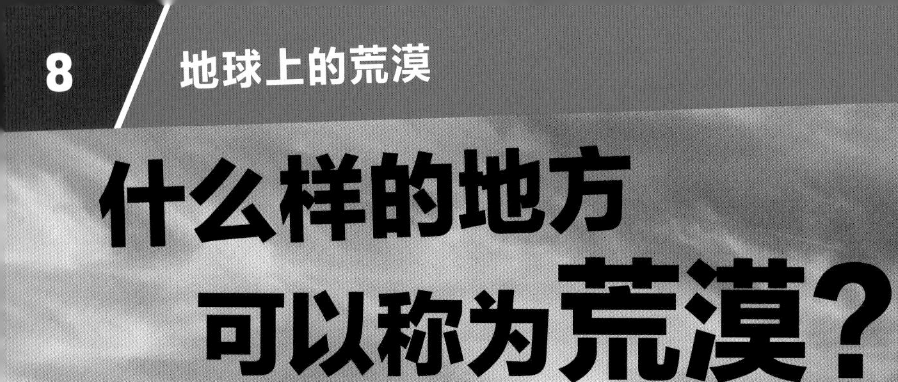

什么样的地方可以称为荒漠？

炎热的白天，寒冷的夜晚：荒漠夜里的温度可以迅速下降，连凝结在灌木丛上的晨露都变成了白霜。

这个问题并不是那么容易回答！连专家们也还没有达成统一意见。如果地理学家称一种地貌为荒漠，那一般是由两个特征所决定的：一方面是植被，也就是植物的分布；另一方面是气候，也就是气温与降水量。

从植物的生长情况来看，所有地面植被少于百分之十的地带都被称为荒漠。如果用气候作为特征，那么只要是水资源匮乏的地方都是荒漠——就是很少下雨，并且连少量的水也会迅速蒸发的地区。这种地区也被称为“干旱区”。干旱区的年降雨量通常少于 150 毫米。如果有人在这种地区用一个漏斗接住所有的雨水，一年后还不够装满一个可乐罐！难怪在这种地方几乎没有植物生长！

在荒漠里总是很热吗？

如果我们听见荒漠这个词，首先会联想到一件事情：酷热。但并不是每个荒漠都是炎热的。在寒冷地区也同样可能出现水资源匮乏的情况，并且形成荒漠。就连在炎热的沙漠里，例如在撒哈拉沙漠或者澳大利亚的沙漠，主要特征是极端的气温变化，而不是持续的炎热。

因为几乎没有可以蒸发的水，所以在干旱区的上空无法形成云层。因此在白天，阳光会毫无阻挡地从天空照射下来，造成极高的气温。超过 40℃的气温在撒哈拉沙漠里并不是什么特别的事情。在太阳落山之后，气温也会骤然下降到 15℃或者更低。在夜晚甚至出现过零下气温！因为在

风滚草

它们是一团团干枯的草球，会随着风在荒漠里四处滚动。对于人们来说，它们象征着荒凉与孤独，对这种植物本身来说，这是一种生存策略：这样它们可以大面积地传播自己的种子。

高温纪录

56.7℃

这个纪录是 1913 年 7 月 10 日在美国加利福尼亚州的死亡谷里测量到的。死亡谷位于海平面下 54 米。

岩画显示，撒哈拉沙漠并不是一直就是荒漠：在这幅7000年前由石器时代的人所画的图上可以看见他们猎杀长颈鹿的景象。

知识加油站

- 荒漠的气候被这三个因素所影响：荒漠的面积，海拔高度，还有它离赤道的距离。
- 巨大的撒哈拉沙漠只位于海平面上数米的高度，并且接近赤道。作为典型的回归线型荒漠，它是地球上最炎热的干燥荒漠之一。
- 面积小些的戈壁沙漠离赤道很远，它位于亚洲高原上，属于典型的大陆内部型荒漠，所以它是地球上最寒冷的荒漠之一。

夜晚，被加热的空气会毫无阻挡地上升到大气层里。因为缺乏云层，所以热量无法被保存下来。如果有人想在荒漠的星空下露宿，必须要穿上可以保暖的衣服：白天与夜晚之间经常有超过30℃的极端气温差异。在阿塔卡马沙漠里甚至可以出现超过45℃的温差。

什么时候开始有荒漠？

如今最古老的干燥荒漠是最多五百万年前形成的。最著名的荒漠——撒哈拉沙漠的形成时间更短：它是在最近的冰河时期之后，也就是大约1万年前才干涸的。石器时代的人所留下的猎杀长颈鹿的岩画可以证实这一点。长颈鹿是典型的热带草原上的居民，所以那时候的平原上应该是长了草的。在其他的荒漠所发现的树干化石表明这个地区在几千年前还是潮湿的，并且被绿色的植被所覆盖。

在欧洲也有荒漠吗？

在各大洲上都有荒漠——即使是欧洲。但是位于欧洲的塔韦纳斯沙漠很小，大约只有博登湖的一半面积。塔韦纳斯沙漠位于西班牙安达卢西亚地区，高耸的山脉阻挡了从地中海刮来的潮湿的风。那里荒凉的景观像美国西部片里的舞台背景一样，所以在那里曾经拍摄过许多著名的电影，例如《温尼托》或者《西部往事》。

塔韦纳斯沙漠：为什么要飞往美国？在欧洲就能看见美国西部片里的风景！

如果夹杂着沙尘的风渐渐磨蚀那些松散地成层堆积的沉积岩，在几百年的时间内便可以形成雅丹地貌。

雅丹地貌，也就是自然风蚀所形成的土丘地貌，可能是斯芬克斯——也就是狮身人面像的灵感来源。狮身人面像具有蹲伏着的狮子身躯与女性的头部形态，守护着金字塔。

风的作品

撒哈拉在阿拉伯语中的意思就是沙漠。没有哪片荒漠像撒哈拉沙漠那样塑造了我们对于荒漠的印象：一望无际的沙子。但这是一种误解：实际上撒哈拉沙漠仅有20%的面积是沙子，它的绝大部分是由石漠与砾漠组成。

荒漠是怎样形成的？

地球上的大多数荒漠都是在不到五百万年前形成的。荒漠化的开始总是由于缺乏植被导致的。不管其中的原因是水资源的匮乏（例如干燥荒漠），或主要是温度低下（例如寒漠）。如果植物无法生存，土壤很快就会受到侵蚀。这意味着，各种风化过程导致一片地区在没有人类干预的情况下自然而然地产生变化：土层不再被植物的根部所固定，因此会被风吹走。很快岩石就会裸露在外，阳光就会直接照晒它们。酷热与霜冻导致岩石开裂，形成了砾漠。

哈德里环流圈

多数干燥荒漠位于南、北回归线附近。这是因为在热带与亚热带地区上方的气流形成了一个闭合循环系统，它也被称为哈德里环流圈。赤道附近的强烈太阳辐射导致许多水蒸气的蒸发，这样在靠近地面的地方出现了潮湿并且沉重的气团。这些气团每天都带来雨水，所以在赤道附近形成了热带雨林。那些干燥的气团进一步上升，它们作为信风分别吹向南方与北方。在途中它们渐渐冷却，并且保持干燥的状态又降下来。所以在南、北回归线附近形成了亚热带干燥地带。哈德里环流圈在非洲尤其明显，在非洲的北纬30度与南纬30度地区都形成了宽广的荒漠。

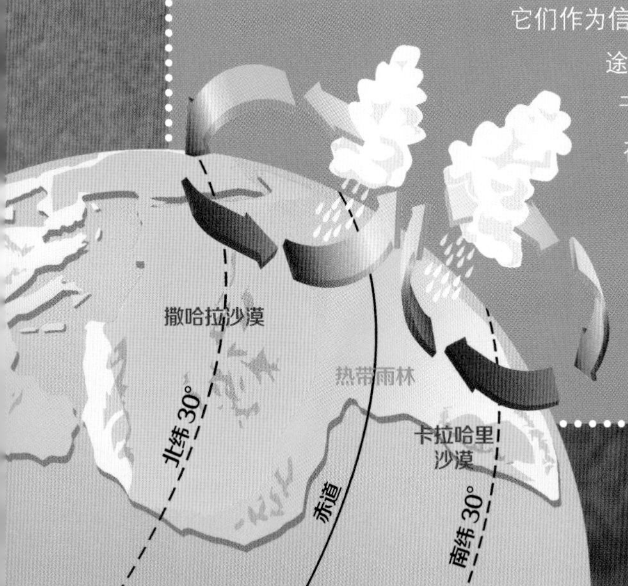

科罗拉多沙漠里的纪念碑谷因它的奇异怪石而闻名。它们是由风与水、酷热与霜冻的破坏力所塑造的作品。

你知道吗?

每颗沙粒都是数百万年的风化过程的产物：风、水、阳光、霜冻、酸性物质与微生物使岩石越变越碎小，直到形成沙粒。在气温变化极大的荒漠里，风化作用也会特别强烈。

奇瓦瓦沙漠里的这些沙丘是白色的，在这里，白色的石膏岩被风化成了像沙子一样的颗粒。

其中较细的颗粒被风吹到其他地方，集合在一起就形成了沙漠。

荒漠有许多张面孔

就如撒哈拉沙漠是由许多种不同的地貌形态所组成的一样，没有一片荒漠是相同的。除了气候条件以外，不同类型的岩石也决定了荒漠的地貌特征。所以地貌学家们也把荒漠划分为石漠、砾漠、盐漠与沙漠——这取决于哪种被风化的岩石占多数。通过侵蚀作用也可以形成千奇百怪的岩石，例如雅丹地貌：如果在一块较松散的沉积岩中出现裂缝或水沟，夹杂着沙尘的风会进一步磨掉它的侧面，这样就会形成前方较宽、后方较窄的岩石。另外因为某些岩层比其他岩层更不耐受风蚀，最后剩下的岩石看上去就像坐落在底座上面。

荒漠里的风帆石曾经是一个多年的谜题：其实这些石块并不是被强烈的风所移动的，而是被寒冷的夜晚里在石块下方所形成的薄冰所移动，这层薄冰在融化的时候带动了石块滑行。

荒漠里的岩石经常被一层棕黑色到偏红色的“荒漠颜料”所覆盖着。因为水溶解了岩石中的无机化合物，之后水分又被蒸发，所以形成了这层颜料。

这并不是经过拼贴而合成的照片：在巴西马拉尼昂州伦索伊斯国家公园里，雨水填满了沙丘之间的低地。但是来自大西洋的强风导致这片荒漠仍然继续扩大。

沙子的海洋

沙子可以拥有各种奇特的形状：如果水分快速蒸发，沙子会形成结晶，这就是沙漠玫瑰石。

位于巴西北岸马拉尼昂州伦索伊斯国家公园里的沙丘地景观是一个很好的实例，它可以说明在荒漠里并不一定缺乏雨水。在四月份到八月份之间，那里甚至会有暴雨。沙丘之间的低地会被清澈的淡水所填满，在水中甚至生活着鱼类。不过这片荒漠还是继续在扩大。河流把大量的沙粒从大陆内部冲到海岸，强风把这些沙粒又刮到陆地上。因此这片奇特的沙丘地景观每年覆盖了越来越多的面积，并且取代了原有的植被。

沙丘是这样形成的

你可以在一个多风的日子里在沙滩上亲自观察沙丘是怎样快速形成的。你只需要把一个贝壳或者小石头放在一处沙粒细小并且干燥的地方，然后等待接下来的变化：风吹过的时候，会把较轻的小沙粒一并带起来。如果这股夹着小沙粒的风遇到了你所设置的小障碍，其中绝大部分的沙粒都会附着在障碍物上。这样就形成了一个椭圆形的小土坡，一个“舌形土坡”。如此一来，对风所造成的阻碍就更大了，越来越多的沙粒堆积起来，形成了一座迷你沙丘。那些大型沙丘也是按照同样的原理形成的——可被风所刮走的沙粒越多，所堆积而成的沙丘就会越巨大。

即使是很小的障碍也会导致沙粒随风堆积。

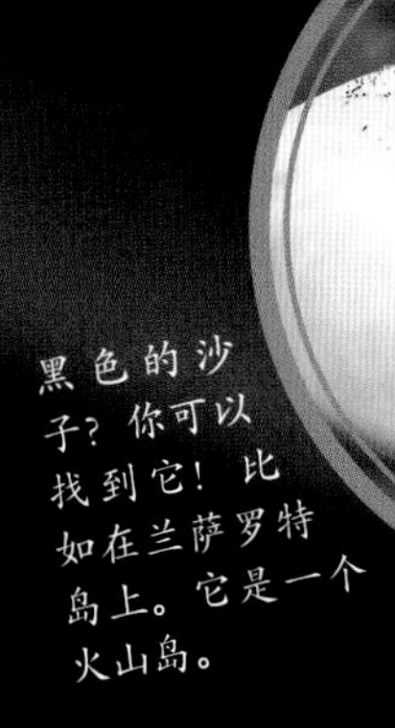

黑色的沙子？你可以找到它！比如在兰萨罗特岛上。它是一个火山岛。

沙子的颜色

我们所说的“沙色”一般指某种淡黄。但是沙子有许多种颜色——根据几千年来变成细小颗粒的原始岩石的类型而不同：石英会闪烁着各种颜色的光芒，从白色、黄色到红色；石膏拥有雪白的颜色；红沙的含铁量非常高；黑沙由来自火山的玄武岩组成。

奇怪的声音

荒漠里的旅客们有时会讲述他们听见了奇怪的声音，那些声音来自沙丘：从嗡嗡声、呼呼声到轰鸣声都有。到目前为止，科学界对此还没有明确的解释。唯一可以肯定的是，这些声音是由沙子的滑动与摩擦所产生的——而不是像某些沙漠部落曾经所相信的那样，是恶魔与幽灵的作为。

线状沙丘

在风向不断变化的情况下会形成线状沙丘。它们经常会彼此融合，并且形成数千米长的沙丘链。

新月形沙丘

新月形沙丘是最常见的沙丘。如果风在较长一段时间内从一个方向吹来，就会形成新月形沙丘。它们主要位于荒漠的边缘地带。

流动沙丘

每座沙丘都有向风的一面，叫作迎风面；也有背风的一面，也就是背风面。风吹来时，会在缓慢上升的迎风面上卷起细沙，并且把这些细沙携带一段距离。在急剧下降的背风面，这些细沙会落下来。这样沙丘的丘顶就会不断地向前移动——在某些地区甚至每年可以移动 20 米！

星状沙丘

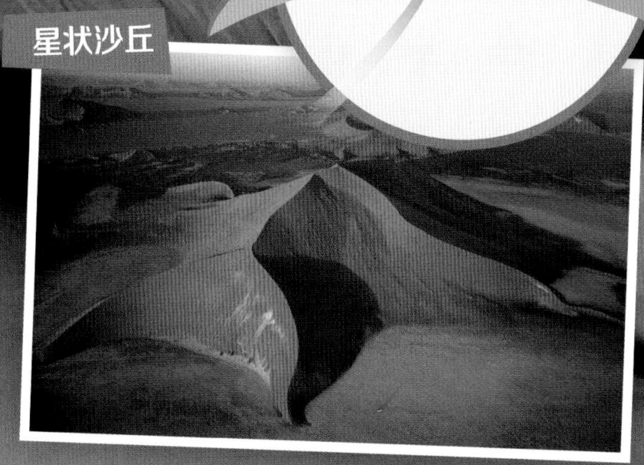

如果一年中的风从各种方向吹来，就会形成星状沙丘。它们可以堆积到 300 米高，并且几乎不改变它们的位置。

高度纪录

110 米

比拉沙丘高达 110 米。这座欧洲最高的流动沙丘位于法国大西洋海岸边的阿尔卡雄附近。

到处都是石头!

美国西南部大盆地的各种荒漠是典型的雨影荒漠：东边的落基山脉与西边的内华达山脉阻挡了雨云的到来。

行驶在秘鲁与智利之间的重型卡车司机特别喜欢有人搭便车。这样他们至少可以让自己经历一点新鲜事情。因为他们在沿着太平洋海岸的几天行程中，不管是在左右两边，还是在前面的地平线，或者是在后视镜里，都始终只看见一模一样的景色：石头。泛美公路在这个路段穿过阿塔卡马沙漠，这是全世界最干燥的荒漠。这里也有生命，但是第一眼看上去，这里就像一个石砾堆。

为什么阿塔卡马沙漠如此干燥?

其实我们可以说，阿塔卡马沙漠是双重的荒漠：它属于雨影荒漠，因为在它的东部边缘是高度超过 5000 米的安第斯山脉。这条高耸的山脉让从大西洋飘过来的云无法到达另一边；同时它也属于沿海荒漠，又称雾漠。从西岸流过的秘鲁寒流从大西洋带来了非常寒冷的海水，潮湿的海洋空气无法上升，因为来自大陆内部的信风把它给压下去了。潮湿的空气无法形成云层，并且在寒冷的水面上凝结成水滴，最后只能以雾气的形式飘到陆地。这些雾气是少数高度适应特殊情况的植物的唯一水分来源。真正的雨往往需要等待几十年，阿塔卡马沙漠里的某些气象观测站甚至还从未测到一滴

你知道吗?

你可能曾经发现，阵雨后处于墙角边的地面往往还是干燥的。因为雨滴一般是从稍微侧面的角度落下来，所以被墙所阻挡了——这类似于阳光下所形成的阴影。“雨影”这个词就是从此而来。

高耸的山脉拦截了从海上吹来的风。这些潮湿的空气在山脉的一侧上升，形成云朵，并且以雨滴的形式落下来。位于山脉另一侧的地带却无法获得雨水，因此导致干旱。

阿塔卡马沙漠

一望无际的石砾——这片荒漠位于安第斯山脉的雨影之中，它的长度超过 1200 千米，从秘鲁南部一直延伸到智利北部。

雨。如此极度干燥的地区被称为极端干旱区。

没有墓室的木乃伊

极度干燥的一个优点是，它可以被用来防腐。埃及人会把木乃伊放进金字塔里，但在这很久之前，石器时代的智利新克罗人就已经会给他们的死者进行防腐处理。虽然其中一部分的尸体已经露出地面，但是他们在阿塔卡马沙漠的气候中还是被保存了七千年以上，连同他们的皮肤与头发都保存了下来。只是令人感到困惑的是，为什么使用这种复杂仪式被埋葬的木乃伊，他们当中的大多数都是婴儿与儿童？科学家们认为他们已经找到了其中的原因：他们在周围的地下水中发现了砷，这是一种可以导致高儿童死亡率的有毒物质。制造木乃伊可能是应对死亡的一种方法。但遗憾的是，就算是木乃伊也似乎无法享有永生，因为最近已经有一些木乃伊开始腐烂。这可能是因为气候变得更潮湿。潮湿的气候更利于分解人类遗体的细菌繁殖。

海边的沙漠

虽然直接靠海，但是它还是全世界最干燥的地区之一：位于非洲西岸的纳米比沙漠里的气候作用类似于阿塔卡马沙漠。这里的本格拉寒流带来南极的冷水，因此导致雾气的产生。浓厚的雾曾经多次导致船只遇险。海岸上的船只残骸是这些事故的见证，因此这片海岸也被称为骷髅海岸。雾漠通常都位于大陆的西岸。

沿海荒漠或雾漠

海风带来潮湿的空气，这些空气无法上升，因为它们被来自大陆内部的暖气流给压低了。下方的潮湿空气在寒冷的海面上凝结成雾气，这些雾气只能飘到海岸边缘。这样导致后方的陆地干涸。

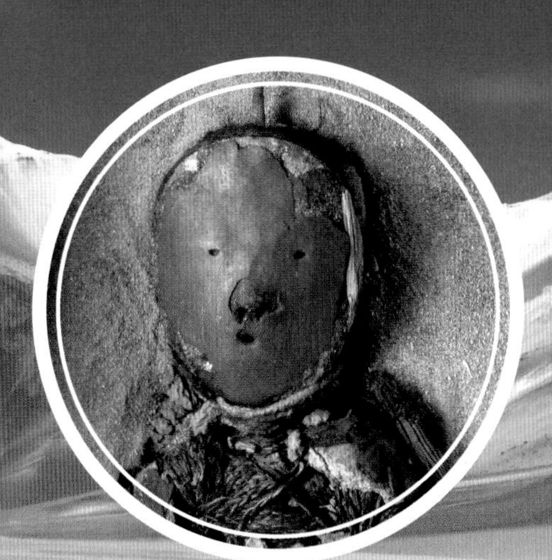

干旱作为防腐剂：这具新克罗木乃伊已经在阿塔卡马沙漠中被保存了 7000 多年。

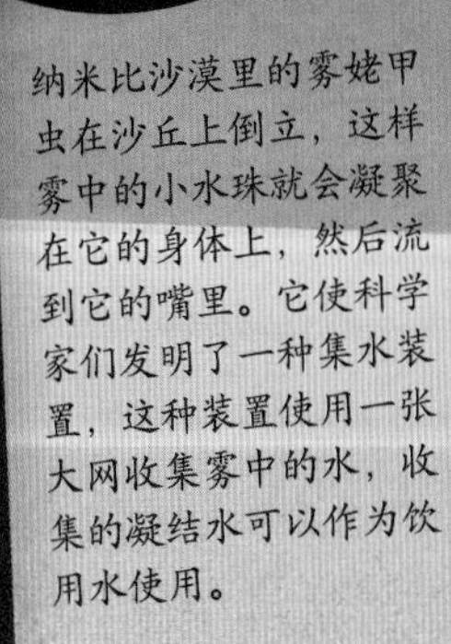

纳米比沙漠里的雾姥甲虫在沙丘上倒立，这样雾中的小水珠就会凝聚在它的身体上，然后流到它的嘴里。它使科学家们发明了一种集水装置，这种装置使用一张大网收集雾中的水，收集的凝结水可以作为饮用水使用。

盐的世界

盐漠属于荒漠里最令人着迷的景观之一。它们是在曾经装满水的洼地里形成的。在几千年的时间里，水在高温下渐渐地蒸发，留下来的只有先前溶解在水中的盐。盐变成结晶，并且在地面上形成一层硬壳，看上去就像是被冰所覆盖的湖面。

不可思议！

位于乌尤尼盐沼的这家旅馆，不仅墙壁是由盐砖建造而成，连椅子与床都全部是由盐块做成的。

盐是从哪里来的？

有些人认为，这些盐来自原始海洋的含盐海水，原始海洋曾经覆盖如今大陆的很大一部分，可能这些海水留在了洼地与水坑里。但是在今天的盐漠形成的几百万年前，原始海洋就已经消失了。事实上，这些水通常来自周围的山上。最初这些水是淡水，但是它们在从岩石里流淌而过的途中，吸收了其中的矿物盐。被

盐　木

它不会长太高，但是它能生长出来这件事情本身就几乎是奇迹：在亚洲荒漠里，这种被称为梭梭树的盐木经常是唯一的燃木来源，并且它还可以作为骆驼与羊的饲料。

每当下雨，盐漠就会变成平滑的水面，如同一面大镜子，倒映天地间的一切。

蒸发的水越多，水中的盐浓度就越高——直到最后只剩下盐结晶。

荒漠中的盐盘

因为盐漠是由岸线分明的水域所形成的，所以盐漠经常突然在石漠或沙漠中央出现。就如以前拥有平滑水面的湖泊那样，盐漠的表面也往往非常平整。所以人们也称它们为“盐盘”。著名的盐漠有美国加利福尼亚州的死亡谷，或纳米比亚的埃托沙盐湖等。盐漠最常出现在亚洲的大陆内部型荒漠里。位于玻利维亚南部的乌尤尼盐沼是最大的盐漠，它拥有约 10000 平方千米的面积。

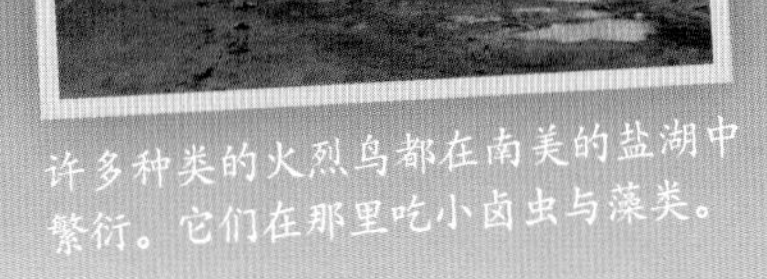

许多种类的火烈鸟都在南美的盐湖中繁衍。它们在那里吃小卤虫与藻类。

危险四伏的旅程

盐漠是一个严重威胁生存的地方。就算只是观看那雪白的地面，眼睛也会受到伤害，因为地面会反射那刺眼的强光。盐壳的边缘很锋利，并且在盐壳的下方经常隐藏着沼泽般的泥洞，使人很容易就落入其中。就连技术工具也几乎无法给人提供帮助：空气中的含盐量高到能够腐蚀金属，各种设备很容易就会因此损坏。如果下雨，有些盐盘虽然会盛满美丽并且清澈的水，但是在欺骗人的表象下，这些水中的含盐量是海水的两倍，因此它们不能被饮用。尽管现在许多盐漠是很受欢迎的旅行目的地——但是对于缺乏经验的旅行者来说，穿越这些盐漠仍然存在许多危险。

乌尤尼盐沼

吉普车行驶在 30 米厚的盐壳地上。很遗憾的是，如果旅客太多，盐漠里脆弱的自然环境会受到干扰。

像岛屿一样的岩石屹立在盐漠中。在这里突然出现了开花的仙人掌，还有鸟的鸣叫声。它们完美地适应了这不到 1 平方千米的生存环境。

冰冷的荒漠

在被山脉贯穿的冰漠中可以找到冰原岛峰——也就是突出冰盖的崎岖山顶，它们给地衣类植物提供了生存环境。

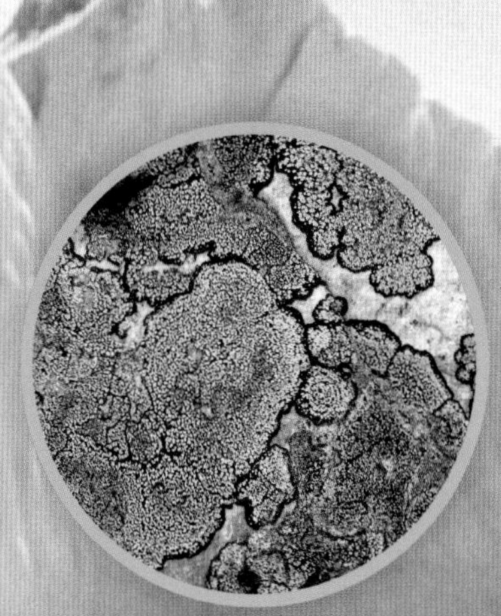

地衣类是菌类与藻类所形成的共生个体，它们在酷寒中仍然可以进行光合作用。图中的这些地衣被称为黄绿地图衣。

冰漠中的大多数动物都生活在海岸：北极地区的北极熊捕食海豹，这些海豹从海洋中获取它们的食物。

南极地区

冰漠长期处于极度寒冷中，气温远低于冰点，并且地面被冰盾所覆盖。

挪威虎耳草生长在格陵兰岛。黄色的厚叶柯罗石竹是在南极地区生长的4种显花植物中的一种。

北极地区与南极地区是地球上最大的荒漠地区。极地地区虽然不符合我们对某些炎热难耐的荒漠的设想，但是它们却符合地理学家所提出的一切用于判断荒漠的标准：在这里几乎完全没有植物生长，并且也很少有降水。极地荒漠分为冰漠与寒漠：冰漠长期被冰雪所覆盖，寒漠至少暂时拥有一段无冰的时期，并且最多百分之十的地面是被植物所覆盖的。

几乎没有新雪

极地荒漠中的湿度偏低，这不只是因为雨水会立即变成冰雪。在极地的夏天，某些地区也会有雨滴从天而降。但是就像回归线型荒漠上方的哈德里环流圈一样，极地环流圈构成了一个闭合的气流循环圈，这个气流循环圈阻止潮湿空气升高，这样就无法把雨水带到大陆内部地区去。所以南极每年只会降几厘米的新雪。

在冰点下的生活

在极地地区形成荒漠的主要原因不是干燥，而是温度太低。对于大多数的植物来说，这里太寒冷了——甚至那些可以忍受霜冻的植物也无法在土壤里扎根。因为这里的土壤整年都处于冻结的状态，人们也称它为永久冻土。另外在极地冬天，太阳连续数月都每天只照射几个小时，植物缺乏足够的光照。在这种环境条件下，几乎只有藓类、藻类与地衣类能够生长。只有很少的显花植物能在洼地里找到生存之地，因为在洼地里，光线会如同在一面抛物

不可思议！

在某些南极干谷里，可能已经几百万年都没有下过雨。因此这里土壤里的盐分非常高。有时候地上会有一些水坑，它们在远低于冰点的温度都不会结冰，因为它们的含盐量实在太高了。

在南极地区，很罕见地会在风的作用下出现无冰的地面，它们是由无植被的砾石地所组成的。这些地区被称为南极干谷。

企 鹅

它们裹在自己的羽毛里，就像在一个羽绒睡袋里一样。这样它们可以抵御南极低于冰点的气温。

岩石到处都有小间隙与裂缝，水可以进入这些缝隙当中。水分结冰时会膨胀，并且使石头裂开。这被称为冻融风化，它属于侵蚀作用的一种重要形式。

面镜里一样被聚集起来。但是就算是在洼地里，这些植物也很少长到超过5厘米的高度。同样的，动物在寒漠中也只能找到一些有限的食物，它们必须捕捉其他动物，或者依靠海洋中的丰富食物来源。

火星地貌

一阵阵强劲的风吹过寒漠，它们也被称为雪暴。因为没有可以起保护作用的植被，也没有由腐烂的植物所形成的腐殖质层，所以岩石被暴露在外。通过冻融风化形成岩屑，它们看起来几乎就像工地上使用的灰色碎石屑。寒漠就像一片火星地貌——从真正意义上来说也是如此。因为火星如同许多其他的行星一样，表面上也布满了这样的寒漠。

到底是不是荒漠？

严格来说，那些光秃秃的山峰也应该被称为寒漠。海洋学家甚至提出了“水下荒漠”的概念，用此来表示极度缺乏营养的深海地区。但是一般人很难有这种想法，冰岛的火山景观相比起来更容易让人联想到荒漠。但是事实远非如此：虽然那里的植物被埋在熔岩之下，但这只是一个暂时的状态。那里的雨量充足，所以隔一段时间，在熔岩碎石之间会重新长出绿色植被。荒漠的划分真的没那么简单……

低温纪录

–93.2℃

在南极地区的内部曾经测到 –93.2℃的低温。这使南极地区成为地球上最冷的地方。

储水能力一流的专家

约有 1400 种植物生长在巨大的、超过 900 万平方千米的撒哈拉沙漠中。这些植物的种类听起来像是很多，但是在热带雨林里，只在几平方千米的面积上就可以找到同样数量的不同种类的植物！关键是水资源供应的多少。水对植物来说有多么重要，每个在家里偶尔忘记给花浇水的人都知道。但是我们也可以观察到，在洒水壶的充分浇灌之下，某些看上去已经枯萎了的植物又起死回生了。在所有植物中最坚忍顽强的是多肉植物。它们是一种可以储存水分的植物。其中最有名的是仙人掌，它们原产于美洲，从北美洲到南美洲都有广泛的分布。

球体与柱体

仙人掌属于多肉植物中的肉茎植物，也就是说，它们可以在其茎部储存水分。与树木不一样，它们的根部几乎不进入土壤深处，但是会伸展得很远。如果下雨，仙人掌就可以利用它们巨大的网状根吸收非常多的水——在这些水渗透到土壤深处，并且蒸发之前，仙人掌的根部就直接在地表下吸收了。仙人掌为了尽量避免所吸收的水再次蒸发，所以它们的叶子退化成了特有的细刺。

仙人掌可以有各种不同的形状。有些种类会像柱子一样直立着朝上生长，并且还会长出分枝，还有一些会形成一个又一个的大圆球。最小的仙人掌是松露玉，它的直径通常只有 1 厘米。最大的武伦柱可以长到 20 米的高度，同时它的重量可达数十吨！大多数仙人掌的生长速度都非常缓慢，并且它们可以活到几百岁。

植物中的厚皮肤

除了仙人掌以外，世界上也有其他的多肉植物，它们把水分存储在其肥厚的叶子里。晨露经常是它们唯一的水源。植物身上的尖刺与扎人的细毛拥有多种功能：它们不但可以保护植物不被敌人吃掉，而且还可以收集凝结的水滴，并且让这些水流到植物的根部；除此以外，这些刺还会保护植物的表皮不受到阳光的直接照射。植物身上可以反射光线的蜡层也拥有同样的保护功能，这层蜡质经常让植物看起来是浅灰色的，而不是深绿色。许多多肉植物与其

在索诺拉沙漠里没有树林，而是生长着仙人掌森林。因此吉拉啄木鸟在巨柱仙人掌的茎干里啄出一个可供它产卵的巢洞——吉拉啄木鸟往往提前一年就完成了巢洞，这样巢洞还有足够的时间变干。

这株仙人球长出了黄色的花，蝙蝠会给这些花进行授粉。

许多动物都吃仙人掌的果实，这样仙人掌的种子就被传播到各处。梨果仙人掌的果实对人类来说也是一种美食。

不可思议！

北美洲的巨柱仙人掌会长到超过 15 米高，并且能储存多达 8000 升水——这些水可以填满 40 个浴缸！

仙人掌是这样贮水的

仙人掌可以在几天内吸收几百升的水。在吸收了如此多水的情况下，它们是怎样保持不被撑破呢? 秘诀藏在它们的纵棱中，这些纵棱可以像一架手风琴那样被拉开。在仙人掌的中间有排成环形的细小管束，它们把根部的水分运输到贮水组织中。同时仙人掌带有纵棱的表皮也如同一个正在充气的气垫一样伸展开来。如果很长一段时期都没有水，仙人掌就会缩小。它所储存的水够它用一年。

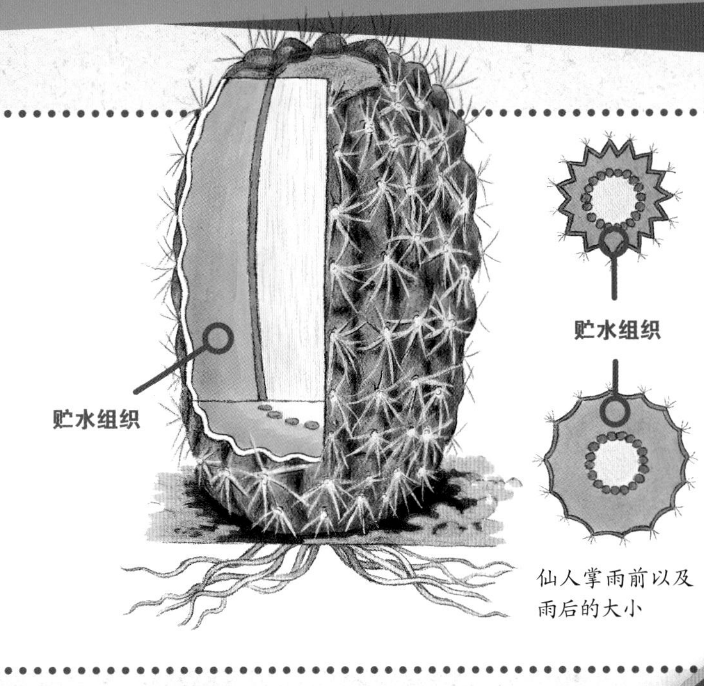

仙人掌雨前以及雨后的大小

他的荒漠植物发展出了在夜间进行光合作用的本领。为了使二氧化碳转变成糖与氧气，这些植物必须通过它们表皮上的小孔（气孔）吸收二氧化碳。但是因为这些植物把它们的气孔隐藏到了自己叶子的下方，并且只在夜间张开气孔，所以避免了水分流失。

仙人掌作为野外求生的饮料?

在电影中，仙人掌有时被作为荒漠中快渴死的旅人的最后救星。事实上的确有几种仙人掌，例如桶型仙人掌，可以让人很容易地喝到其中所储存的水：人们可以把这些仙人掌折断，并且从它们像海绵一样的组织中把汁液吸出来。但这有时也会出现问题：植物的汁液通常带有苦味，而且某些种类的仙人掌甚至是有毒的。辨认有毒植物的一种方法是，这些植物的汁液通常都显乳白色，但并不是所有的有毒植物都可以这样被识别。最好的方法是无论如何都带上足够的水，并且只喝自己所带的水!

知识加油站

- 虽然玫瑰与仙人掌上都长着刺，但是从植物学的角度来看，它们是不一样的。
- 像玫瑰这样的刺是茎刺，也就是植物原先的茎器官所转变而成。而像仙人掌这样的刺是由植物的叶退化所形成的。
- 仙人掌的“刺”是叶刺。它们帮助仙人掌防御食草动物，并且防止水分通过面积过大的叶子蒸发。

1 2 3 4

龙舌兰的花序可以高达 12 米（1）。芦荟的汁液被使用在美容品中（2）。青锁龙属的肉叶植物大多紧贴地面生长，并且也会通过外皮吸收水分（3）。像厚叶草属的典型多肉的叶片可以储存水分（4）。

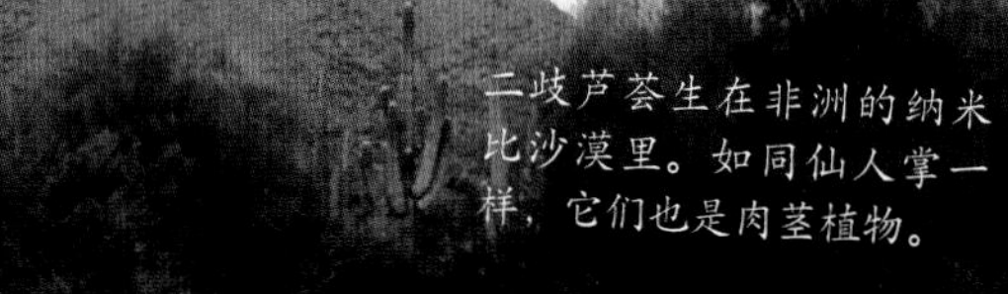

二歧芦荟生在非洲的纳米比沙漠里。如同仙人掌一样，它们也是肉茎植物。

植物们的绝招

仙人掌并不是荒漠中唯一带刺的植物。在干燥并且缺乏植被的地区，大多数的植物都会防御想要吃掉它们的敌人。因为植物数量稀少，所以它们更容易被食草动物盯上。而且荒漠里的许多动物不但通过植物来满足它们的能量需求，它们还会利用植物给自己补充足够的水分。因为新鲜的绿色植物与多肉植物可以含有高达 90% 的水分。就连种子、茎与老叶子也仍然含有一半的水分，因此它们是良好的水源。

等待水的来临

荒漠植物拥有形形色色的生存策略。仙人掌与其他的多肉植物会利用它们的贮水器官度过干旱时期，其他的植物干脆就避开干旱；许多草本植物在遇到缺水的情况时，它们位于地上的部分就会枯死，并且在拥有足够水分的情况下才又重新发芽。特别是花与草的种子经常沉睡在荒漠的地下，直到持续的大雨把它们唤醒。它们仅在 6 到 8 周内就经历所有的发育阶段——从发芽、开花直到结果。有人说荒漠会在一夜之间变成一片花海，这种说法还是有些夸张。大多数植物甚至使用抑制发芽的物质，为了确保它们的种子只在水分足够的情况下发芽，这样它们才能完成形成新种子的生命周期。零星的几滴雨还无法使荒漠成为花海，只有连续几天的明显降雨才能使种子发芽。

请把根再扎深一些！

荒漠里的树木拥有无法估量的价值。它们白天可以提供荫凉，并且还给寒冷的夜晚提供燃木。幸运的是，有几种树木适应了干燥的气

深度纪录

80 米

在纳米比沙漠或撒哈拉沙漠里所生长的金合欢，它们的主根可以在干燥的土地里扎入到 80 米的深度。

干枯状态

复活草可以在似乎毫无生气的状态中度过多年的干旱。

猴面包树在遇到干旱时会脱光自己的叶子。它树干的宽度可以达到20米，并且可以储存10万升的水。它坚韧的树皮纤维可以制作绳子。

候。但是这些树木怎样才能获取足够的水？它们只有一个选择：用它们长长的根获取地下水。沿着干涸的河道，经常可以找到地下水。在这些地区也生长着特别多的树木。金合欢与红荆的根可以深达地下50米，甚至更多。对它们来说，最大的困难是在一开始的时候，小树苗想让自己细嫩的根部在土地里立足，可是土地已经被太阳烤硬了，所以它们必须使出全力往深处扎根。红荆与其他的一些植物还可以吸收含盐的水，它们可以通过叶子上的盐腺排出盐分。

光秃秃的树枝

荒漠里的树木也必须要注意避免蒸发过多的水分。因此它们的叶子较窄，如同羽毛。非洲的波巴布树，又称猴面包树，它为了节约水分，甚至可以脱光自己的叶子。在它光秃秃的枝头就只剩下像灯笼一样的圆形果子。猴面包树的树皮可以厚达10厘米，这层树皮也可以防止水分蒸发。

奇特的百岁兰由两片巨大的、在顶部裂开分叉的叶子所组成。它只生长在纳米比沙漠，并且它的寿命可达2000年。它的根部能吸取地下水，同时叶子也会吸收雾水。

开花的沙漠：每隔几年，气候现象厄尔尼诺就会给阿塔卡马沙漠带来降雨，然后荒漠就会变成一片花海。

动物们的求生

美洲栗翅鹰是唯一一种集体捕食的猛禽。荒漠中的猎物非常稀少，所以决不能让任何一只猎物溜走！

沙漠跳鼠的长腿可以保护它的内部器官免受地面高温的损害。

荒漠里的动物的处境与植物很相似：它们也必须在缺水的情况下艰难生存。在撒哈拉沙漠只生活着大约 50 种哺乳动物，但是却有 350 种拟步甲虫，只有少数的动物使自己的身体结构与行为方式适应了极端的环境。啮齿类是其中最成功的一种动物，因为它们的体格很小，可以仅通过食用富含水分的植物就满足自己的需水量。沙鼠与跳鼠给蛇、猛禽、耳廓狐（也叫耳郭狐）与胡狼提供了食物来源。许多动物都拥有灰色或沙黄色的外形，因为伪装是很重要的：在没有树木与灌木覆盖的荒漠地带，捕食者们无法找到掩护，猎物们也几乎找不到安全的藏身之处。

袋鼠是澳大利亚的象征动物，它们因把自己的小宝宝放在育儿袋里四处行走而闻名。

容易满足的徒步旅行者

在饮食方面，大多数动物们都不太挑剔，因为在荒漠中找到食物的机会不多。所以胡狼也会吃昆虫，并且耳廓狐也会挖出植物的块茎作为食物。食草动物们必须要走很远的路程才能找到足够的食物来源。因此羚羊与瞪羚总是在荒漠边缘或山区仅有的几处草地之间徘徊。瞪羚跟随雨云走，这样它们可以吃到新长出来的草。许多荒漠中的动物都在黄昏或夜间活动，因为白天温度有时高达 50℃，地面的热度还要更高，所以在白天行走较长时间可能会导致死亡。

夏眠而不是冬眠

许多小型哺乳动物，如沙漠跳鼠或肥尾沙鼠还有另外一个避免被热死的绝招：它们干脆在地下洞穴里度过夏天。夏眠相当于某些我们所认识的动物为了度过缺乏食物的时期而进行的冬眠。在夏眠的时候，新陈代谢与呼吸都会被大幅度降低，因此能量消耗也随之下降，这样动物们就可以长时间待在它们的洞穴里，而不用出去寻找食物。在 30 厘米的深度，温度就已经降到了令人感到舒适的 25℃，同时沙层表面的温度可以超过 70℃。跳鼠的地下洞穴中的相对湿度也在 30% 以上。

人们总是喜欢想象大象在戏水的场面。事实上，纳米比沙漠里的沙漠象也非常喜爱水，但是它们却很少有机会能好好地洗一次澡…… 沙漠象比它们生活在草原上的亲戚们的体型要小一些。

食肉动物在绿洲里潜伏着，等待捕获干渴的猎物。所以沙鸡宁愿在荒漠中下蛋，并且使用自己胸前的羽毛给雏鸟带水喝。

高鼻羚羊的角

生活在蒙古的高鼻羚羊可能是电视剧《家有阿福》里的外星主角的原型——至少它那像大象一样的鼻子，会让人联想到外星生物。

胡狼与狼是亲戚，并且也跟狼一样群居生活。它们强劲有力的长腿可以行走很长的路程，并且也拥有很好的奔跑能力。胡狼主要在夜晚狩猎，但它们经常只能用昆虫来填饱肚子，偶尔才会吃上体型较小的瞪羚。它们会把剩下的食物埋在沙土里——在其他荒漠动物的身上也可以看见这种储藏食物的行为。

在没有树木的地方筑巢

鸟类最不适应荒漠里的生活。在撒哈拉沙漠里只有 18 种鸟类！只有食虫目动物才能从食物中获得足够的水，以种子为食的鸟类需要补充额外的水来消化它们的食物。另外鸟类在没有植被的荒漠地区还面临着另外一个问题：在荒漠里没有可以供它们筑巢的树木。所以许多鸟类，如沙鸡或沙丘歌百灵，直接在地面上孵蛋。像鹰雕这样的猛禽，平常会建造巨大的鸟巢，但在荒漠里，它们经常在裸露的岩石上下蛋。鸟类唯一的优势是：它们可以在寻找食物与水的过程中飞行很长的距离。例如棕斑鸠每天为了喝水而飞行 70 千米。除了猫头鹰以外，荒漠里所有的鸟类都是在白天活动的，但是它们会在石头或者灌木丛的阴凉中度过那最热的几个小时。

你知道吗？

许多荒漠动物在中耳里都有一个扩大了的鼓室，这样它们就可以更好地听见波长较长的低音。由于低音比高音传得更远，所以能听见低音，对在旷野的生活来说是一个很大的优势。因为这样它们就可以更好地发现猎物，或者更快地躲避正在逼近的天敌。

作为食草动物，羚羊与瞪羚为了获取足够的食物，必须经常到处行走很远的距离。它们可以通过所吃的植物来吸收水分。

大耳朵代替电风扇

耳廓狐住在北非沙漠中，它的体长不到 40 厘米，体重大约 1 千克。它的身体构造在荒漠动物中是很典型的——体型小，体重轻，足底长着毛（这样可以防止它们在热沙上被烫伤），而且最主要的是，它们有一对超级大的耳朵（耳朵占身体表面五分之一的面积）。耳朵上分布着丰富的小血管，遇热时小血管还可以膨胀，这样就可以最大限度地向外散热。

耳廓狐的整个新陈代谢都适应了炎热干旱的环境。它比其他同等大小的动物消耗能量的速度要慢三分之一，并且它的心脏比所预想的要小一半。另外它在酷暑的时候还可以用比平时快三十倍的速度呼吸。也就是说，平时它每分钟呼吸 23 次，在酷暑的时候，它的呼吸可以高达每分钟 690 次！

角质响环

响尾蛇的尾部末端有一串角质响环。如果在面临威胁的时候已经来不及逃避，它们就会通过这些响环发出很大的声音。但是通常它们会逃离，或者迅速地钻入地下。

潜入地下！

昆虫与爬行动物是变温动物，这意味着，它们的体温会随着外界的温度变化而变化。它们其中的许多动物大部分时间都藏在沙子深处，或自己挖的洞穴里。这样它们就避免了白天炽热的阳光，并且也可以在寒冷的夜晚保持体温。另外昆虫还通常有一层很厚并且很结实的外骨骼，它可以保护昆虫身体内的水分不被蒸发。

从沙子里直接到嘴里

无法在荒漠里长距离行走的动物必须利用被风吹到眼前的东西维持生存。微小的、已经死亡了的有机物质被称为腐屑，它们比沙粒轻，所以就会聚集在沙子表面。沙丘顶部的背风面上会掉落特别多的腐屑，因为那里不断地有沙子滑落，这样就有蜘蛛腿、种子颗粒，或一片枯萎的叶子被暴露在外。因此有生物在沙丘顶部——占整座沙丘不到百分之一的面积上活跃着。人们称这些以沙坡上的荒漠垃圾为食的动物为食腐动物。这些动物只在觅食的时候出来，它们需要时刻小心，不要被食物链中体型更大一些的动物，也就是毒蜘蛛、蝎子、巨蜥还有鸟类所捕食。

喝露水的昆虫与蜥蜴

许多昆虫与小型蜥蜴都只靠露水存活，这些露水由于白天与黑夜的温差而附着在它们身上。人们猜测，有些种类的动物可以直接由皮肤吸收水分。另外的动物会通过皮肤上细微的凹槽把这少量的水送到嘴里。为了能够成功地喝到水，有些动物简直是在练杂技，例如沙蜥就会用它的尾巴在地上做支撑点，然后抬高自己的后半身，这样水就可以从它的背一直流到头部的嘴巴。

蝎子通常生活在荒漠中的石头或灌木丛下方。如果有必要，它们可以依靠一顿昆虫大餐就存活整整一年！这些蛛形纲的动物们视力模糊，虽然它们中的有些种类可以拥有多达12只眼睛。它们会通过地面震动与空气气流来发现猎物。

纳米比的白蚁会吃掉80%的草。在澳大利亚，它们会毁坏整栋的木制房屋。但是它们也是鸟类、蜥蜴与小型哺乳动物重要的食物来源。

鼓起来的蜥蜴

荒漠巨蜥在白天会躲藏在洞穴里。在早晨与晚上，这些“陆地鳄鱼”会去捕食小型啮齿动物和在地面上孵蛋的鸟类。但是通常这些可以长达1.5米的巨蜥只能用甲虫与蝗虫填饱肚子。如果一条巨蜥受到攻击，它会使自己的肺部充满空气，并且利用后腿竖立起来，发出令人恐惧的低吼声与嘶嘶声。

在沙子中游泳

砂鱼蜥可以快速地在沙子里奔跑，它看上去就像一条鱼在水里游泳。

像轮子一样翻滚

摩洛哥后翻蜘蛛蜷曲着腿，使用这种姿势从沙丘的斜坡上翻滚下去。它也会翻筋斗。

雪　鞋

纳米比壁虎又称阔趾虎，它长约一指，并且生活在沙丘上。它的脚趾之间有蹼，这样它就不会陷入松散的沙子中，就像人穿了雪鞋之后不会陷入深雪中一样。

滚动，行走，游泳……

如果你曾经赤脚在沙滩上走过，你就知道你的脚会陷入沙子里，并且还会打滑。这真是太累了！但是在荒漠里不能白白地浪费能量。所以有些动物就发展出了属于自己的移动方式……

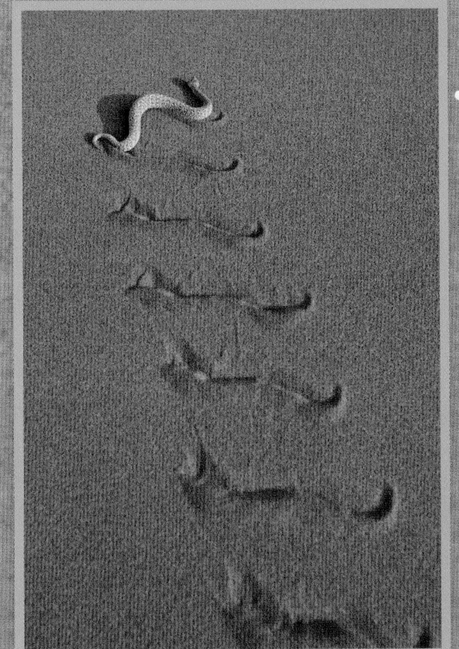

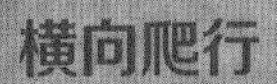

横向爬行

侏膨蝰会先让头部着地，然后把剩下的一半身体移过来，之后马上又使用头部继续前进。这样就形成了与它身体一样长的横向痕迹。

荒漠中的魔鬼

一切都只是伪装：澳洲刺角蜥像一片枯叶一样躺在蚂蚁所经过的路上，然后用它黏糊糊的舌头卷起蚂蚁吃掉。

大耳沙蜥

它们看上去很吓人，但是它们仅有约25厘米长（连同尾巴一起）。大耳沙蜥生活在阿拉伯半岛与亚洲地区的干燥地带。

荒漠星球的外星人

鬣蜥科是长得像鬣蜥的有鳞目动物统称，它们分布在地球所有大洲上，并且拥有非常强的适应能力。它们多数都在白天活动。

摩洛哥王者蜥

这种杂食性的动物分布在北非到西亚的石漠中。摩洛哥王者蜥肥大的尾巴可以储备营养，它们通过这种方式来做好度过干旱时期的准备。

自带空调的“沙漠之舟”

对于人类来说，如果体温升高3℃，就可能危及生命。但是骆驼却可以很好地承受7℃的体温上升。这样它们就不会流汗，并且避免了水分流失。骆驼通过血液循环来调节自身的温度：它们湿润的鼻黏膜会因为水分蒸发而冷却，里面的血液也随之被冷却，并且先被输送到脑部下方的一个空腔里。颈动脉从这个空腔经过，在这里分叉成许多条很小的血管，并且把热量散发给温度较低的血液。通过这张“神奇的网”，血液在抵达骆驼的脑部之前，会经历最大降幅为3℃的冷却过程。

单峰驼

这些只有一个驼峰的骆驼来自阿拉伯沙漠地区。它们的驼峰里所储存的并不是水，而是脂肪。同时它们的皮肤下面缺少一层可以隔热的脂肪层，这样它们的身体就可以更好地散发过多的热量。

你知道吗？

骆驼在荒漠的太阳下不喝水也可以存活3周——驴子只能存活4天，人类甚至只有2天。但是骆驼在哪里储存它们的水分呢？答案是它们的全身！它们的红细胞不是圆形，而是椭圆形的。为了吸收水分，这些红细胞可以膨胀到它们原先大小的200倍。这样骆驼在一段较长的干渴旅途后可以在10分钟内喝下多达140升的水！

摇摇晃晃的步伐

又长又细的腿使骆驼的身体远离炙热的地面。骆驼在行走的时候使用侧对步：同时迈出身体一侧的两条腿，因此会转移重心。如果骑在骆驼身上，就会像在海浪中一样被摇来摇去——所以骆驼的绰号是“沙漠之舟”。

四个胃

骆驼是拥有四个胃的反刍动物，在它们胃里的植物纤维会被浸泡并且发酵。因此骆驼可以很好地利用非常难以消化的食物。它们每天咀嚼8个小时，这等于28000个咀嚼动作！骆驼经常在咀嚼的时候发出“咯咯”的响声，而且还会有植物糊汁从它们的嘴里溅出来。

长着老茧的脚掌

骆驼属于偶蹄目动物。它们拥有两个带指甲的脚趾，脚趾被富有弹性的结缔组织所包围，并且还加上了脂肪软垫。所以骆驼所属的亚目叫作胼足亚目。骆驼像盘子一样大的脚掌防止它陷入沙子里，并且还保护它的脚部不被割伤与烫伤。

并不是软骨头

骆驼的上颌只有两颗门齿，这两颗獠牙如同军刀一样锋利。骆驼的犬齿看上去像狮子的牙齿。事实上骆驼只有在交配期才使用裂齿，这样它们就可以通过撕咬驱赶竞争对手。在咀嚼的时候，它们会使用像磨盘一样的臼齿。

防护眼罩

骆驼又长又密的眼睫毛可以保护它们的眼睛不受到飞沙的伤害。

可以关闭的鼻孔

骆驼的鼻孔是可以关闭的，这样也是为了不让沙粒侵入。为了防止水分通过蒸发而流失，骆驼呼出来的热气中所含的水蒸气会在较冷的鼻黏膜上重新凝结成水。

抓取物品的工具

借助它们分裂的上唇，还有长长的、对痛觉不敏感的舌头，骆驼还可以从带刺的灌木丛中摘取食物。

护　膝

骆驼在膝盖部位和腿部都长着类似皮革的护垫。这样它们在跪卧下来的时候就不会被烫伤。石头地面上的温度可以高达80℃——这样的高温已经足够在石头上面做煎蛋了！

拥有两个驼峰的骆驼叫作双峰驼。它们生活在中亚及中国西部地区的寒漠中，所以它们长了一身可以保暖的、蓬乱的皮毛。

居无定所的一生

骆驼可以驮着人与行李走过滚烫的沙地——马与驴子是无法忍受这种艰辛的。所以如果没有骆驼，可能在荒漠地带就永远不会有人生活。荒漠中，长期在某处安家的生活几乎是不可能的，至少在人类必须依靠牲畜与草地的情况下是不可能的。仅有的几处生长草与其他饲料作物的土地很快就会被过度放牧。雨有时落在这里，有时落在那里。有时候这里的河道涨水，那里的水坑却干涸了。所以住在荒漠的人们也必须要像植物与动物一样能够忍受艰苦的环境，并且还要非常善于随机应变。

生活在荒漠的游牧民

没有固定居所，并且从一个地方迁往另一个地方的人们被称为“流浪者”。这个词原本只是指长期四处为自己的牲畜寻找草地的游牧民。现在这个词也被用来称呼那些不定居在某一个地方的人们。荒漠里几乎所有的民族都过着游牧生活——从阿拉伯贝都因人，到澳大利亚原住民，或者生活在加拿大与格陵兰岛冰漠地区的因纽特人。游牧民很重视家庭团结，而且他们通常也与远亲一起组成一个较大的家族，迁移到下一个可以给他们提供生活基础的地方去——那里有新鲜的草地、丰富的猎物，或是可以提供饮用水源。这样的旅途需要大量的地理知识与丰富的经验，因为荒漠地貌是非常多变的。很多时候，一群人在多年后才返回到同一个地方。

有趣的事

后备厢里的骆驼

因石油而致富的贝都因人在阿拉伯联合酋长国定居了下来。他们现在几乎只为了比赛而养殖骆驼。这些原本驮载重物的骆驼们，现在自己也像贵重的货物一样，被汽车载着去赛场与市场上。

马作为可以迅速奔跑的坐骑，主要被用于狩猎。与双峰驼不同，如果让马承受一个蒙古包的重量，它就会被重担所压垮。

因纽特人曾经使用皮艇去捕猎海豹。这些灵活的小船的船架是由骨头或木头所制成的，上面覆盖着兽皮。

因纽特人也是传统的游牧民族。他们曾经使用狗拉雪橇在冰上运载他们的家人。

用歌曲代替地图

荒漠中的大多数游牧民族都没有发展出自己的文字——难道有谁想在荒漠中扛着书四处游荡吗？几个世纪以来，他们把自己的知识以口头形式一代一代地传了下去。澳大利亚原住民发展出了一种特殊的叙述传统：在他们的“歌之版图”中，澳大利亚原住民把创造世界的传说，与他们走过之地的地理信息共同结合在了歌词里。

游牧文化的毁灭

虽然澳大利亚原住民与因纽特人各自住在地球的南北两端，但是他们却拥有类似的命运。当欧洲人在 17 至 18 世纪抵达他们的居住地时，他们传统的生活方式就随之被摧毁。之前并不属于任何一个人的土地被那些陌生人所占领了。因此游牧民再也无法四处迁移。那些前来的欧洲人认为游牧文化是原始低级的。原住民被迫住在房屋里，给人做工。他们中间的许多人在这段时间里死于欧洲人所带来的疾病。这两个曾经的游牧民族现在也共同面临着失业与酗酒的问题，这与他们文化的断裂有关系，但是也与他们经常受到的歧视有关。如今这两个少数族群尝试把现代生活更多地与一种充满自信的传统文化相结合，并且从中找到新的道路。

今天还有游牧民吗？

现代文明给大部分的贝都因人带来了比其他人更好的运气：20 世纪 60 年代，在阿拉伯沙漠地区发现了石油。许多贝都因人因此致富，并且他们不用与殖民者们分享这些财富。这些贝都因人定居下来，而且像多哈与迪拜这样的城市，在舒适方面与其他的大城市没有任何不同。不过也还有其他的贝都因人，他们作为商人或牧人，仍然过着一种较贫穷的生活。在撒哈拉沙漠里也还有一些部落仍然想过游牧生活。但是这变得越来越困难：国与国之间的边界与私有制使行动自由受到限制，并且也削弱了游牧民获取足够生活必需品的可能性。

“歌之版图”

澳大利亚原住民用他们的歌曲来记录他们巨大而广阔的大陆。“歌之版图”给他们精神上的依靠与具体的引导。谁唱这歌，谁就会找到通向水源的路……

澳大利亚原住民的原始文化被欧洲殖民者所摧毁了。他们的后代如今仍然在现代社会中很难争取一席之地。

蓝色骑士

图阿雷格人的靛蓝色头巾叫作“塔格尔姆斯特”，这是他们的标志。这条布的长度超过4米。它会被浸泡在蜡中，这样就拥有了丝绸般的光泽。

他们曾经是撒哈拉沙漠中最强大的民族：图阿雷格人。他们曾经贩卖珍贵的盐与牲畜，并且控制了几千千米的贸易路线。图阿雷格人是唯一一支曾经过着游牧生活的柏柏尔族部落。如今“图阿雷格人”这个词——像德语里的“吉普赛人”一样——经常被作为贬义词使用。图阿雷格人自称为“依姆哈尔”。马格里布地区其他的柏柏尔人称他们为“蓝色民族”。因为他们靛蓝色的头巾经常会掉色，甚至连他们的脸上都带有一层蓝黑色的光泽。

“荒漠中的海盗”

欧洲人经常用一种理想化的眼光看待图阿雷格人：他们喜欢把图阿雷格人形容成自豪并且高尚的，图阿雷格人的社会也被描述成具有尚武精神的，并且他们还把图阿雷格人的社会与欧洲骑士贵族的相比较。事实上，图阿雷格人以前曾经将黑人充作干农活的奴隶，而且带着武器的图阿雷格骑士曾经也常常抢劫某些商队。但是在图阿雷格人的社会内部，权力并不是按照等级分配的：图阿雷格人在较大决策前会举行集体会议，女人也可以参加讨论。他们并不是只有一位部落长老，而是男性与女性各有一位受所有人尊敬的人物，这两位人物最后会一起做出决定——例如什么时候离开营地，或应该在哪里设立新营地。

铁匠在图阿雷格人那里享有很高的声望。图阿雷格人经常使用武力打败荒漠中的竞争对手，有时他们也抢劫绿洲或商队。所以人们也称他们为“荒漠中的海盗”。

更多的女性权利

图阿雷格人信奉伊斯兰教，但他们按照自己的方式去诠释古兰经。图阿雷格女性比其他大多数的阿拉伯部落社会拥有更多权利，她们可以自己选择丈夫，而且家庭帐篷也属于她们。图阿雷格男女之间有严格的分工：女人负责照顾小型家畜、烹饪与保持帐篷状态良好。男人负责照顾单峰驼。通过养殖骆驼，他们可以获取一份额外收入，这样就能在绿洲里购买一些只能用钱买到的东西。

图阿雷格人是撒哈拉沙漠里最著名的游牧民族。现在他们中间几乎所有人都定居下来了。

如今约有一百五十万图阿雷格人生活在一块大约200万平方千米的地区，这个地区位于阿尔及利亚、利比亚、尼日尔、布基纳法索与马里之间。“图阿雷格”这个词，类似于用“爱斯基摩人”这个词来称呼因纽特人一样，是欧洲殖民者的侵略产物。

严格的习俗

游牧生活是很辛苦的，并且需要有规律的日常生活。所以一种拥有固定仪式的文化就相应地产生了。为了节省能量，就必须要持之以恒地工作——宁愿每天都去拾一点木柴，也比每周一次性地拾大量木柴要好。另外家族内的团结也很重要。在节日里，女人会击打一种叫作“腾德”的鼓，并且大家会唱许多的歌，这些活动可以促进群体意识的加强。

谜语与秘密语言

生活智慧与礼仪是通过谚语传递给下一代的——这对拥有口头传承传统的民族来说是一件很典型的事情。晚上，当人们除了坐在火旁就没有太多其他事情可做时，就开始讲故事了。谜语也很受欢迎。例如：什么东西会到达许多地方，但是却没有足迹？答案：名声。不同寻常的是，图阿雷格人会使用秘密语言。例如有一种只有成年人才能使用的语言——如果有时不想让帐篷里的小孩听懂自己所说的话，这就真的很方便了！但是工匠也使用另一种不让外人听懂的秘密语言。所以难怪连一个人是否归属部落的问题，也会依据语言来定义：图阿雷格人认为，谁能说图阿雷格语，就是一个“依姆哈尔”。

女人们完成几乎所有对于生存来说很重要的事情：取水、收集木柴、给羊挤奶，并且把奶加工成奶制品。男人们经常连续几天都带着骆驼群出门在外。

骑士们使用头巾保护他们自己不受到阳光与沙尘的伤害。通过被包在头巾里的潮湿气息，嘴唇与鼻子也不那么快就变得干燥。

新娘涂上了喜庆的海娜文身，等待着新郎的来临。婚礼会持续几天。图阿雷格女性比其他伊斯兰部落的女性要拥有更多的权利。例如丈夫会入赘到妻子的家族里，如果夫妻离婚，他就必须找一个新的去处。

巴黎－达喀尔拉力赛的目的并不是在比赛中取胜，而是在极端的条件下证明自己的能力。

和约旦沙漠里的石头城佩特拉一样，如今许多文化遗址吸引着热爱文化的人们来此一游。

冒险家、商人与学者

长度纪录
520千米

通往油田的塔里木沙漠公路全长520千米，它位于中国塔克拉玛干沙漠中。

如果有人在荒漠的夜晚抬头看见天上成千上万的繁星，他的内心可能会被深深震撼到。月亮看起来非常大，天穹显得很近，人类是如此的小，却像是世界的中心。也难怪在中东地区的荒漠地带形成了一神教。犹太人、基督徒与穆斯林不相信在自然界会有不同的神明显现，他们相信有一位无法看见的，却全能的至高神。今天还有许多旅行者把在荒漠中的旅途当作一种可以影响他们的感受与思想的精神体验。

谁先到达荒漠？

那些自称“发现”某个地区的第一批欧洲人，通常并不是首先来到这个地方的人。除了以荒漠为家的游牧民族，最初敢于进入荒漠的人主要是商人。比如他们在非洲购买盐，然后运到欧洲出售。途中他们必须要经过撒哈拉沙漠。还有一些商人把丝绸从遥远的中国带到欧洲，并且在路上穿越亚洲地带与阿拉伯地带的荒漠。许多著名的客商，例如13世纪的意大利商人马可·波罗，为了回避穿越荒漠地带的风险而宁愿绕道而行。因此著名的丝绸之路总是只沿着荒漠的边缘经过。直到19世纪，当欧洲国家之间的能源争夺变得越来越激烈，那些殖民主义国家也资助去荒漠里的探险——他们希望借此缩短贸易路线，或发现新的原料来源。

如今的人为什么会去荒漠旅行？

除了纯粹的经济利益，人类很快也产生了想要探索异域文化的好奇心。从岩画到华丽的建筑物——像撒哈拉这样的荒漠隐藏着无数的艺术珍品与考古遗址，它们如今仍然吸引着来自全世界的学者们去探索。植物学家与生物学家所研究的问题是，动物与植物是怎样在如此恶劣的环境里生存下来的。游客除了享受那些令人印象深刻的自然美景与文化遗址以外，也喜爱荒漠里特有的寂静。

为了建造塔里木沙漠公路，路旁的流动沙丘也必须被固定住。为了固定这些沙丘，中国政府投入了数千万元。虽然如此，还是经常需要除沙机清除路面的积沙，所以这条1995年完工的公路被认为是世界上最贵的公路。

怎样才能穿越荒漠?

在一头骆驼的陪同下步行前进，如今仍然是一种非常好的穿越荒漠的方式。当然如果使用吉普车，速度就会更快：四轮驱动技术的发明使穿越荒漠的旅行发生了根本性的变化，并且极大地减少了旅行的辛劳与时间。另外如今有了全球定位系统 GPS 和其他卫星导航系统，可供旅行者使用。过去的旅行者只能依靠指南针与方向感来判断自己的所在位置。但是负责开车的司机必须拥有非常丰富的经验与熟练的驾驶技术，特别是在沙漠里有一些暗藏危险的地方，就连吉普车都可能被困在其中。这时司机就需要熟悉一些技巧了——例如在一天中要记得从轮胎中放一些气，因为在太阳的照射下，沙子会软化，车轮在放气后，与沙地的接触面也会变得更大。

埃及沙漠里的远洋轮船：1869 年通航的苏伊士运河沟通了地中海和红海，并且开辟了通往印度洋的航线。它使欧洲与亚洲之间的贸易路线缩短了约 10000 千米。

多层结构的墓地与清真寺也见证了廷巴克图曾经的繁华。许多这种独特的黏土建筑在 2012 年遭到激进的伊斯兰主义者的破坏。

廷巴克图!

这个名字听起来让人想到冒险：廷巴克图是传说中位于尼日尔河边的城市，它在撒哈拉沙漠以南的非洲地区。最初它只是图阿雷格人的一个小绿洲，只有一口井与几处房屋，后来通过盐贸易发展成了一个富有的商业城市。在 19 世纪，越来越多的欧洲人也开始关注它。最早的真实可信的廷巴克图游记来自德国地理学家海因里希·巴尔特。在他之前，多次由德国与英国派遣的廷巴克图探险队都失败了，有时甚至连探险者都遭到了杀害。海因里希·巴尔特不仅拥有吃苦耐劳的品质，他还保持尊敬的态度对待当地人。可能正因为如此，他的探险之旅才如此成功并且获得了丰富的成果。

沙漠探险家
海因里希·巴尔特
（1821–1865）

海因里希·巴尔特在 1853 年抵达廷巴克图，并且在那里逗留了七个月。他总共在撒哈拉地区旅行了六年，撰写了 3593 页的游记，它们现在仍然被作为研究撒哈拉沙漠历史的重要参考资料。

如果车轮被卡在软沙中，人们就会在车轮下放置垫板，这样可以使压力分散到更大的面积。

荒漠旅行中总会出现故障：吉普车除了要安装四轮驱动，还需要带好备件、备胎与压缩机。

荒漠中的危险

与动物和植物不同，人类的身体无法很好地适应荒漠里恶劣的生存条件。最大的敌人是炎热与饥渴，在没有阴凉与水的情况下，我们只能在荒漠中存活几天。

渴死或是冻死

人类是一种恒温生物，这意味着，人类必须使自己的体温保持在36.5℃到37.5℃之间。当体温升高到42℃以上时，细胞内部就无法正常地进行新陈代谢，因此人就会面临生命危险。幸运的是，人类可以在小范围内调节自己的体温，避免身体过热。人类最重要的调节体温的措施就是出汗，身体会通过汗液的蒸发而降温。可是问题就在这里：出汗时身体会失去水分（与盐分）。在中国平常的一天，身体会通过出汗排出半升水，我们可以通过喝水而重新获取水分。但是当气温较高，或运动量较大的时候，身体也会流失更多的水。在撒哈拉沙漠，人可以在一天之内通过出汗而失去7升水；如果步行穿过沙丘，并且因此加大了运动量，甚至会流失双倍的水分！如果身体不能相应地补充更多的水，就会开始脱水，并且开始变得干燥。最初的症状是言语障碍与步态不稳；如果脱水的状况持续，人就会很快死亡。在寒漠里，持续的热损失同样也会无可避免地导致死亡：当体温下降到28℃以下时，心脏与呼吸就会停止。

海市蜃楼是什么？

海市蜃楼并不危险。但是它可以把人们引入歧途，比如人们会在根本没有绿洲的地方突然看见一片绿洲——这种情况出现在许多冒险小说里！海市蜃楼是在高温时所产生的一种空气中的折射，当热气层遇到较冷气层，就会形成海市蜃楼。这是因为热空气会膨胀，因此密度较低。冷空气的密度较高。在两种不同的气层遇到一起时，光线就会像在一面镜子里一样被折射。因此人们所看见的绿洲并不是虚幻的，而是确实存在的一个物体，但是它却是从很远的地方所折射过来的。其实你根本不用专门到荒漠里去看海市蜃楼：在炎热的夏天，被晒

在许多沙漠国家，特别是在北非与阿拉伯半岛，过去曾经有过或者目前正有着军事冲突。在这些地区，旅客有相当大的风险会遇到地雷或被叛军所抓获。

不知道这些瞪羚是否也能看见海市蜃楼？当热气层遇到冷气层，遥远地方的景色就会被折射出来。

“喝水、喝水、喝水！”这是在荒漠里的规则之一。人的尿液应该如水一般清澈。如果尿液颜色变深，就意味着喝水太少，并且身体会面临脱水的危险。

热的沥青路上方也会形成可以折射光线的空气层。但这些被折射的物体通常都不会离得太远，这样你就可以同时看见真正的物体，例如一辆正开来的汽车，与它微微闪烁着的倒影。

埋在沙下

即使没有海市蜃楼，人们也很容易在荒漠中迷路。大多数的荒漠都是巨大的、广阔的，其中并没有可识别的路径。汽车轮胎在碎石上并不留下痕迹，在沙子中的轮胎痕迹也会很快就随风消失。而且在荒漠中也很少有可以给人提供方向的标志性景观，在沙漠中更是如此，不但那些沙丘会不断地移动，而且还会有猛烈的沙尘暴。其中最臭名昭著的是“黑风暴”，据说它在塔克拉玛干沙漠中曾经吞没过整个商队。如果人们遇到一场沙尘暴，就会眼前突然什么也看不见，好像自己在一场浓雾中一样。等到风暴平息的时候，周围景观已经完全换了模样，变得让人认不出来了。曾经有些城市被沙尘暴带来的大量的沙完全埋没。顺便说一下，如果沙粒被充分地翻搅，可能就会形成流沙，这些沙粒非常松散地堆积在一起，如果人们或骆驼踩到这种“蓬松”的地方,就会突然陷进去，并且沉没在流沙中。但是这种现象在干燥的沙地中非常罕见，流沙更多地出现在沙子与水混合在一起的地方。

人为的危险

如今像四轮驱动、全球定位系统 GPS 与无线电这样的技术工具，使穿越荒漠这件事情显得不再像以前那么危险。但是很不幸的是，最大的危险经常是人类本身造成的。这是因为目前在非洲与亚洲的许多沙漠国家都酝酿着政治冲突。其中一些人为了满足自己的利益诉求，也会袭击或者绑架旅客。

你知道吗？

沙尘暴可以移动上百万吨的沙子。非常小的颗粒可以被沙尘暴带上高空，并且随着暴风一起被运到几千千米以外的地方。因此有时候我们可能发现雨后的地面上留下了一层细细的、红色的灰尘——或许这是来自某个沙漠的小小问候！

风暴不仅可以移动沙丘，而且还能把一栋栋的房子用许多吨的沙子完全埋住。

绿色的生命之岛：绿洲

不可思议！

法国地质学家雅克·萨沃尔南在 1947 年发现撒哈拉沙漠下面藏有数十亿立方米的古老地下水。这些水被称为“古地下水”，因为它们数百万年以来就被封闭在几千米厚的岩层下，并且被隔绝在水循环之外。

绿洲是在荒漠中能够找到水的地方。我们总是把绿洲想象成荒漠中的绿色小岛，长着繁茂的棕榈树，在中间有一股清凉的泉水……这种图画书中的绿洲也存在，不过通常这些定居点会发展成真正的农业村庄，甚至成为拥有工业的小城市。难怪“绿洲”这个词来自古希腊语“oasis”，它意味着“有人居住的地方”。绿洲中的水使人们能够在荒漠中定居，随之吸引商队、商人与各种经济企业，以及丰富的文化生活的到来。

河流绿洲：尼罗河

名字已经说明了一切：河流绿洲的水来自一条河。这条河发源于某处多雨的地方，并且把水从那里运到荒漠里。尼罗河是最好的例子，它的长度达到近 7000 千米，是地球上最长的河流。尼罗河的水来自东非热带雨林里的暴雨，并且因为巨大的水量，它可以贯穿撒哈拉沙漠而不会枯竭。尼罗河拥有许多支流的河口被叫作尼罗河三角洲，河水从那里汇入地中海。尼罗河三角洲拥有超过 22000 平方千米的面积，被视为世界上最大的绿洲。这片肥沃的土地曾经在埃及法老时代产生了人类最早的先进文明之一。

地下水的利用

并不是所有落在荒漠里的雨水都会被蒸发。就像在我们这里一样，一部分水会渗透到地下，直到它遇见一层不透水的岩层，并且开始聚集起来。在有些地方，水会因为岩石断层而自动流到地面，于是就形成了天然泉水绿洲。在另外一些地方，这些地下水离地面很近，所以人们就可以使用挖井的方式来利用它们。如今人们可以钻凿很深的井，并且利用水泵把地

知识加油站

- 如果地下水在不透水的岩层上方聚集起来，并且人们可以使用挖井的方式利用这些水，就会形成地下水绿洲。
- 在河流绿洲中，河流会从遥远的、多雨的地区带来水。
- 在泉水绿洲里，人们不需要通过挖井的方式获取水。由于这个地区的特殊地质情况，地下水会自己从地下冒出来。

开罗从尼罗河三角洲的一小片绿洲发展成了拥有近千万居民的大城市。

在地下不透水的岩层上所聚集的水，会在某些地方冒出来，这样就形成了天然的绿洲。

下水抽上地面。但是这样大量地使用地下水，通常会导致地下水资源的迅速枯竭。

线型绿洲与干河

水量不像尼罗河这样大的河流，在穿过荒漠的时候会渐渐地渗透到地下，并且在它的河床下方会聚集地下水。纳米比沙漠里的霍阿尼布干河就是这样的线型绿洲：绿色的金合欢深深地扎根在河道上，沙漠象在这里挖着它们的水坑。在某些地方有地下水流出来，这些水在被蒸发之后结成了盐壳。羚羊会过来舔这些盐，这样可以满足它们对盐的需求。这种干涸了的河道被称为干河。如果在一片广阔的流域下雨，干河可以在几十年后又突然充满了水，那些从四面八方涌来的水甚至可以形成一股洪流，汹涌着冲过河道。虽然河道上柔软平整的沙子看上去像是一个很好的露营地，但是旅行者必须要谨慎考虑：如果在夜晚突然有洪水滚滚而来，就很可能会在荒漠里被淹死!

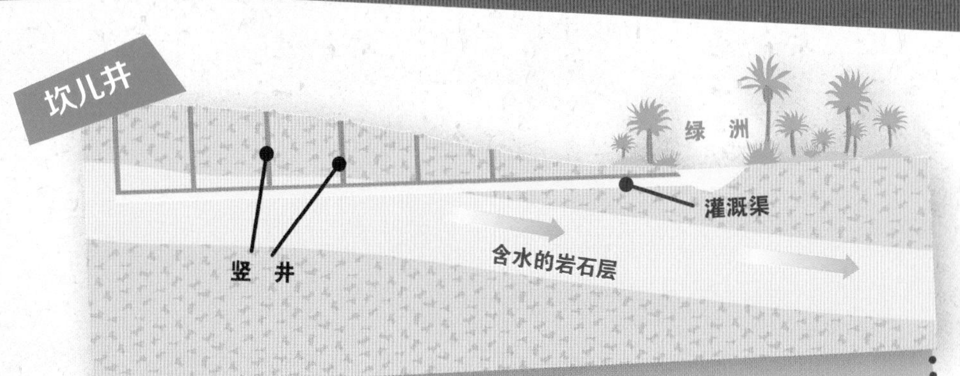

地下渠道可以把山区的地下水引到较低处的绿洲。这些被称为坎儿井的传统灌溉系统还通过垂直的通风井得到进一步的改善：荒漠里的热空气会在井壁凝结成水，这些凝结水也会掉落在地下渠道中，并且可以被人使用。另外这些竖井还可以帮助人们清理渠道。

天然绿洲的一种罕见的特殊形式是自流泉：这里的水如同喷泉一样喷涌而出。如果地下水在一个洼地里处于两层不透水的岩层之间，就会因为其他地区较高的水位而受到压力。如果某处的地面断层提供了一个向上的出口，受到压力的水就会喷涌而出——但最高只会达到地下水的水平面。

在非洲，取水通常是女人的任务。她们必须把水从数千米远的井边运回家。

喷泉的原理

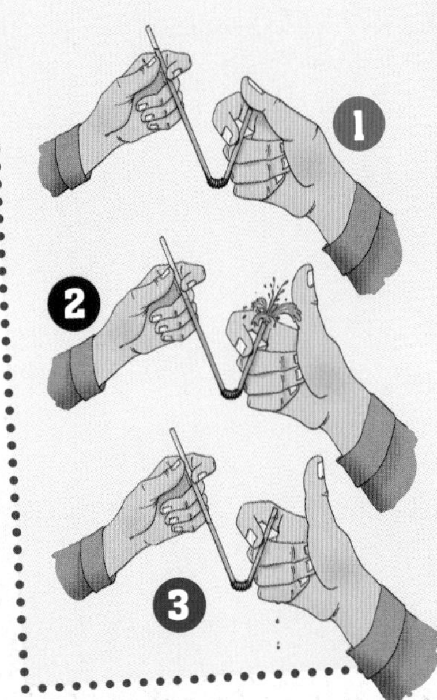

把一根可弯曲的吸管吸满水，用拇指按住短的那头，并且把吸管像一个V字一样用双手拿着。

当两头的管口都朝上的时候，你就可以把拇指从管口拿开。水会从短的那头流出。

等到吸管两头的水柱都达到了同样的水平面，水流就会停止。这个现象被称为连通器原理，自流泉也基于这样的原理。

从帐篷到摩天大楼

贝都因人的帐篷

一条条撑开的长布，地上铺着编织的席子——贝都因人的帐篷并没有太多其他的摆设。人们坐在地上吃饭，食物不是放在桌子上，而是放在大盘子上的。

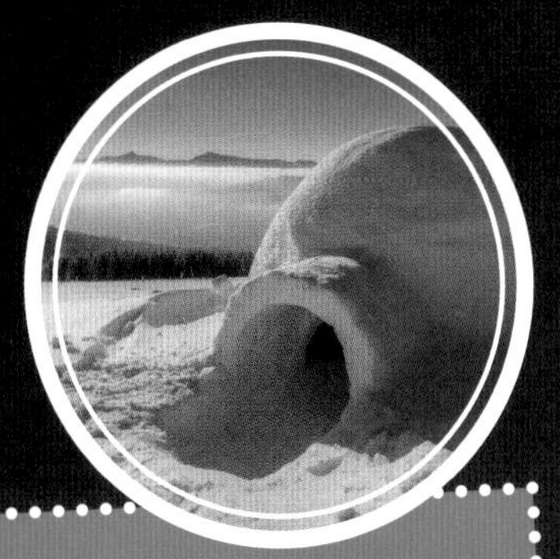

圆顶冰屋

因纽特人现今虽然生活在公寓里，但是孩子们在学校里仍然会学习怎样建筑圆顶冰屋。这些使用冰砖堆砌的圆顶建筑可以在南极地区遭遇天气突变时作为避难所使用，这对于极地生存是至关重要的。

帐篷是荒漠中典型的居所。因为游牧民族迁移时，只能携带轻便的行李。比如图阿雷格人可以在最短的时间内把整个家族的物品都装在三个袋子里，只需一匹骆驼就可以把这些袋子运走。但是在整个地区也到处都有他们藏东西的场所，一般是在悬崖上用石头所堵上的暗洞，在那里他们存放着食物储备或首饰。卡拉哈里沙漠里的布须曼人或澳大利亚原住民却连帐篷都没有，他们在天然洞穴里居住，并且最多自己再用草做一个挡风板。寒漠里的住处当然要保持温暖，但是“温暖”这个概念是相对的：圆顶冰屋里的温度只刚刚超过冰点——但是总比野外 -40℃的气温要好！蒙古人在他们用羊毛毡保温的圆形帐篷里可以过得更舒适点，这些圆形帐篷被称为蒙古包，为了运输蒙古包，需要使用两匹骆驼。

用篝火代替沙发

游牧民族的社会生活离不开生火。在蒙古包里，火炉的位置处于中央，烟雾可以从包顶的洞口出去。贝都因人与柏柏尔人在户外生火，通常在帐篷的入口附近，火堆不仅可以烤面包、烹饪食物，在夜晚也可以用来照明与取暖。主人也会在火堆旁接待客人，茶可以表达主人的热情好客，人们会饮用一种盛在小玻璃杯里的、味道浓烈的甜红茶。图阿雷格人的火堆可以表明客人是否受到主人的欢迎：放在火里的木块越大，客人就越受到尊敬。如果主人不再添新的木块，就是要求客人离开的时候了。

蒙古包

蒙古游牧民族的传统圆形帐篷被称为蒙古包。他们由一套被两个支柱所支撑的木制支架组成。在支架上面盖有用来保温的厚羊毛毡，它们是被绳子所捆绑的。在夏天，侧面的毛毡可以朝上掀起，这样就会使更多的空气吹进来。许多蒙古人如今除了他们在城市里的住所以外，仍然有一个蒙古包，他们喜欢在里面住几夜，或者在那里庆祝节日。

高度纪录 828米

2010年在迪拜建成的哈利法塔有828米高。它拥有163层可居住的楼层，目前是世界上最高的建筑物。

位于阿拉伯世界的一些旧城区被称为“卡斯巴”，它们展现了极其精美的建筑艺术。在荒漠里，黏土通常是唯一可用的建筑材料。它保证了良好的室内环境条件：调节空气湿度，白天降温，在夜间散发白天所储存的热量，提供温暖。

居住在荒漠

在长期有水供应的地方，就没有继续迁移的必要了，所以荒漠里的人们在绿洲里定居了下来。撒哈拉沙漠里典型的居民区是使用黏土所建造的，并且内部错综复杂地嵌套在一起。狭窄的巷子与小型窗户提供了阴凉，这样使房间里较凉爽。通过各种技术措施，例如海水淡化装置、水坝与使用水泵的深井，大量居民的饮水供应都得到了保障，因此在荒漠中也可以建设真正的中心城市，那里的舒适度与其他城市相差无几。在美国大城市，例如拉斯维加斯或洛杉矶，人们根本意识不到自己正处于荒漠中央。但是渐渐地，荒漠城市的局限也逐渐显露出来：作为水库，用于供水给美国内华达州、亚利桑那州与加利福尼亚州的米德湖的水位一直在下降。所以每年夏天的用水量受到越来越严格的限制，政府甚至不惜使用惩罚措施来降低用水量。

闪闪发光的荒漠都市

位于阿拉伯联合酋长国的迪拜，因对建筑的狂热而特别闻名。据说在2006年曾经有30000台建筑起重机竖立在这座海湾城市，其数量占全世界的四分之一。19世纪中期，迪拜还是一个小渔村。通过珍珠贸易，它到20世纪中期成为一个小城市。随着石油的开采与滚滚涌入这个国家的石油美元，迪拜逐渐繁荣，发展成了一个非常现代化的城市，拥有许多座钢铁、玻璃与混凝土所建造的摩天大楼。如今迪拜的主要收入来自旅客，这些旅客在迪拜度假，或者把它作为一段较长旅行的中途停留站。

当胡佛水坝在1936年建成时，它被视为一项建造技术上的杰作：大坝有221米高，使科罗拉多河形成了米德湖水库，米德湖是美国最大的水库。

拉斯维加斯每年利用它的表演与赌场吸引了超过3500万访客——虽然它位于莫哈维沙漠的中央。拉斯维加斯的饮用水供应依赖于50千米外的胡佛水坝。

荒漠里的产物

作为采集者，澳大利亚原住民不得不经常食用在贫瘠内陆地区所找到的“特殊”食物来填饱肚子：一条被挖出来的蛆可以提供重要的蛋白质。

通过使用回力镖作为投掷器，澳大利亚原住民可以从很远的距离击中并且杀死小型袋鼠。

荒漠里的人们在可以获取从远方运来的水与食物之前，只有三种生存方式：第一，他们可以去捕猎，并且收集一切可以找到的食物。第二，他们可以作为游牧民从一处草地迁移到另一处草地。或者，他们可以在一片绿洲里定居，并且以耕作为生。

远距离捕猎

在荒漠里捕猎是很困难的。大多数的动物都是零散分布的，或者它们游走在一片很广阔的地区。因此在阿拉伯沙漠与蒙古有鹰猎的传统，人们使用鹰隼或雕来捕猎。这些猛禽能够从空中发现遥远的猎物，并且也心甘情愿地让人们取走它捕获的野味，当然，人们会给它提供一个小的替代品。澳大利亚原住民除了用长矛捕猎，还使用一种由硬木所制作的投掷武器，它被称为回力镖。这样就解决了澳大利亚内陆地区的猎人在偷偷接近猎物的时候，没有地方隐藏自己的问题。但是所谓捕猎用的回力镖在没有命中猎物的情况下，会转回来飞到投掷者手中的说法，却只是一个传说。这种因其特殊的形状可以在空中划出弧线的回力镖，只在举行仪式的时候才被使用。

如今鹰猎在阿拉伯不再出于生存的需要，而是成为了一种爱好。

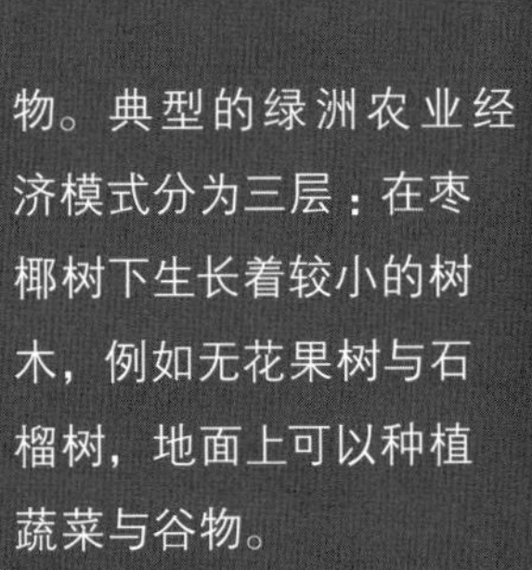

戈壁沙漠中的游牧民族主要食用他们的牦牛所提供的牛奶及奶制品。这些奶制品富含脂肪与蛋白质。

畜牧业与风险管理

澳大利亚原住民与卡拉哈里沙漠里的布须曼人是仅存的只从事狩猎与采集的荒漠民族。其他的荒漠民族在早期就已经开始饲养动物。他们这样做不仅仅是为了吃肉，更多是为了获取这些动物在活着的时候所能提供的产品，主要是奶和毛。畜群的大小如今仍然用来代表某一游牧部落的财富情况。通常人们会养殖不同的动物种类，也就是说，除了山羊也会养殖绵羊，除了骆驼也养殖驴子和牛。这样就会降低所有动物因某种疾病的爆发或持续的干旱而同时死亡的风险。

枣椰树下的农田

枣椰树是绿洲中的女王。它羽状的大叶子提供了有光的阴影处，其他的植物可以在它下方茁壮生长。同时它的树干纤细，并且没有树枝，所以在枣椰树之间可以容纳其他的绿色植物。典型的绿洲农业经济模式分为三层：在枣椰树下生长着较小的树木，例如无花果树与石榴树，地面上可以种植蔬菜与谷物。

大受欢迎的客人

在广阔的荒漠中，很少能有机会遇见其他的人。所以如果有客人来临，就会受到热烈的欢迎。客人不仅仅带来其他家族与其他地区的消息，在他们所生活的地区，通常也能获取其他的食物资源，所以双方也可以互相交换食物，这样就会有更丰富的饮食。难怪大多数的游牧部落都拥有非常鲜明的好客文化，其中也包括了对客人的慷慨招待。

大多数的荒漠民族都非常好客。客人不能拒绝喝茶的邀请。

绿洲农业经济

典型的绿洲农业经济模式分为三层：椰枣过去在撒哈拉沙漠里是一种主要食品，就如同中国人所吃的小麦和稻米一样；在枣椰树的阴影处也有果树生长，例如石榴树与无花果树；在凉爽的地面上长着茄子与其他的蔬菜，甚至还有像小麦与小米这样的谷物。

小 米

缺乏技术的稀土开采会危害人类与大自然：为了在矿石中分离出稀土，人们会使用有毒的化学物质，污染了宝贵的地下水。放射性物质也被挖掘出来，并且在冶炼加工中造成危害。

并不是所有人都从丰富的矿产资源中获益：在秘鲁或亚洲一些贫穷国家的人们经常徒手在采矿区挖掘。他们通常只能获得微薄的报酬，并且还面临损害健康的风险。

来自地下的财富

虽然荒漠里的生活非常贫瘠，但全世界的荒漠里都蕴藏着丰富的矿产资源。特别是这些矿产资源在荒漠里很容易被开发，因为荒漠里没有需要在开矿前费力清除的居住区或森林。更重要的是地质优势：这些矿床往往直接处于地面下较浅的位置。例如前几年在蒙古发现了巨大面积的硬煤矿，无需建设复杂的矿坑系统，可以直接进行露天开采。

寻宝者与淘金者

19 世纪流传着遍地黄金、钻石随手可捡的故事，吸引欧洲的淘金者涌向非洲。而在此之前，欧洲主要在南美洲挖宝藏。在 17 世纪，西班牙与葡萄牙通过开采阿塔卡马沙漠里的金矿与银矿而变成了强大的殖民者。这股采矿狂潮还远远没有结束：如今矿石几乎仍然占了秘鲁出口量的一半。秘鲁是全世界最大的银生产国，第三大的锡与锌生产国，第四大的铅与铜生产国与第五大的黄金生产国。

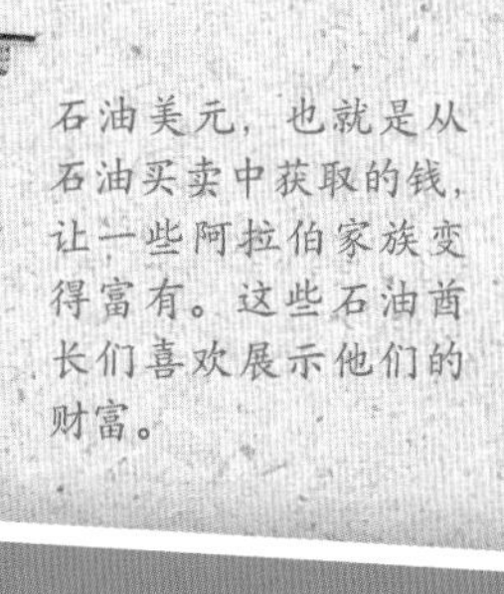

石油美元，也就是从石油买卖中获取的钱，让一些阿拉伯家族变得富有。这些石油酋长们喜欢展示他们的财富。

黑色黄金

20 世纪，先是在撒哈拉沙漠，然后在阿拉伯沙漠所发现的大量石油资源比南美洲的黄金造成了更大的地缘政治剧变。这些石油甚至引发了战争。因为石油是工业化世界必不可缺的动力燃料。在一夜之间，某些以前只买卖骆驼的贝都因部落变成了石油王国，他们不仅变得极其富有，而且在突然间也获得了政治影响力。1973 年的石油危机显示了西方世界已经变得极其依靠石油输出国的善意。在石油危机中，阿拉伯国家们下调了石油产量。在那时，连续几个周日德国的高速公路上都空空如也，因为德国政府为了节省汽油，所以发布了禁止汽车行驶的命令。

白色黄金

在石油之前，白色黄金使一些荒漠城市变得富有，这就是盐贸易。盐不仅因为可以使食物变得美味而受到人们的喜爱。更重要的是，人们可以用盐使食品的保质期变得更长，例如通过腌肉的方法，也就是把肉放在盐里来保存食物。聪明的荒漠民族利用太阳强烈的蒸发能力来获取盐：他们把井水与含盐的土混在一起，然后把这混合物放在小盐池里，使它蒸发。然后获取的盐会被商队带到那些贸易城市贩卖。在过去的几个世纪，盐锭的价值等同于黄金。如今盐已经不那么珍贵了，但是盐的生产与开采还是必不可少的。

你知道吗？

因为荒漠无人居住，所以在20世纪曾经在这里进行过核武器试验。在实验中，那些致命辐射的危险性被错误地低估了。还有一种核技术的基本元素也来自荒漠：辐射性元素——铀，例如它被用于核电厂的燃料棒中。

稀　土

它们是荒漠中的最新黄金：稀土。人们用这个奇怪的名字称呼17种不同的金属元素，它们通常可以在同一种岩石内被找到。你可能听说过钕，因为人们也使用它制造磁铁。但是这些稀土金属的主要用途是在高科技产业。它们作为所谓的半导体，在计算机、显示器、手机、电池、电动机与风力发电机中是不可缺少的一部分。美国、俄罗斯和中国的稀土储量冠绝全球——全世界90%以上的可用稀土资源都分布在这些国家。

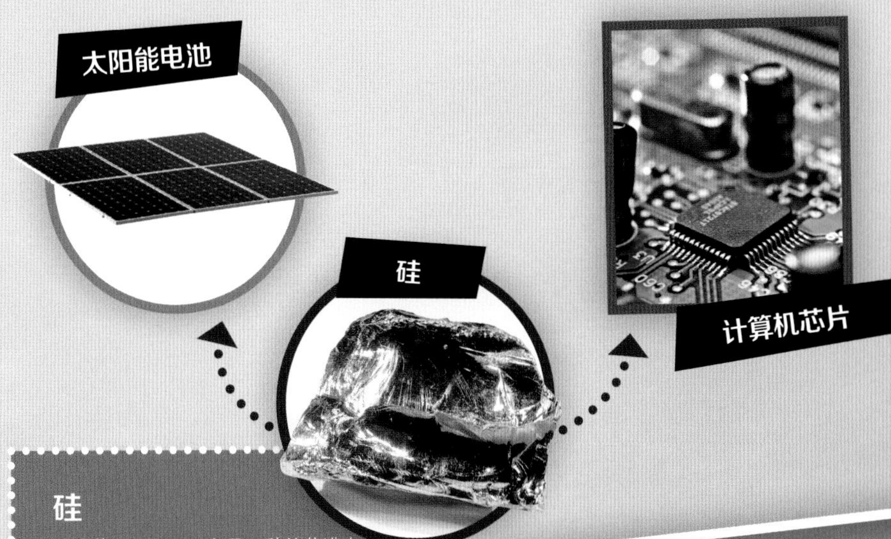

硅

硅（英语：Silicon）是一种从荒漠中的砂子中所提取的类金属。它的性能使它成为制造计算机芯片的完美材料。加利福尼亚州的高科技工业区也因此被称为“硅谷”。硅还被用来制造太阳能电池。

每年在乌尤尼盐沼约有25000吨盐被开采。

盐漠的形成原理也可以在小范围内被应用：人们在撒哈拉沙漠的小盐池里制盐。

如今商队仍然把盐锭带到那些贸易城市，虽然这种生意已经不像以前那样能够获取丰厚的利润。

见组

展望未来

在蒙古，因为绒山羊珍贵的羊毛，它们越来越多地被人养殖。它们与绵羊不同，在吃草的时候会把整株植物连根拔起——这使土地和植被受到严重侵蚀。

纯粹从地理的角度来看，荒漠是一种很成功的模式，因为这种地貌在不断蔓延。专家们称荒漠扩大的过程为“荒漠化”。不幸的是，荒漠化并不总是由自然原因所导致的。

人造的荒漠

大片的土地干涸，植被消失，并且肥沃的土壤随后被风吹走，通常是人类的行为所造成的。要么是以直接的方式，因为消耗了过多的水资源，导致地下水位降低；或者是以间接的方式，由于空气污染所导致的温室效应使全球气候变暖。这可能是在特别干燥地区降雨越来越少的原因。荒漠化的另外一种形式是大片地区的沙化，在这个过程中也往往有人类参与：因为人们为了获取燃木而砍伐树木，或者让牲畜吃太多的植物，这样使沙丘毫无阻拦地四处扩散。这是一个恶性循环：越是缺乏植物与森林的地方，下雨越少，因为水会从地表流走，而不是被蒸发，所以也减少了云的形成。

在莫哈维沙漠里，镜子将太阳能集中到一起使热水加热，产生蒸汽，然后驱动涡轮机发电。

来自撒哈拉沙漠的电

但是也有好消息：荒漠可能在石油时代结束后仍然是一个重要的能量来源。因为荒漠中最不缺少东西的就是：阳光与热量。所以许多荒漠能源项目的目标就是充分地利用太阳能。

在内盖夫沙漠的试验田上，以色列研究人员正在测试节水灌溉技术，和可以在沙漠生存的植物品种。

其中最大的项目叫作 Desertec（沙漠技术），这是一个全世界范围内的科学家、政治家与企业联盟。除了风力发电与太阳能光伏发电（可以把太阳光能转化成可用的电能），这个项目也主要致力于太阳热能设备（可以把太阳热能转化成可用的能量）。根据 Desertec 的信息，地球上的干燥荒漠地区在 6 小时之内从太阳那里所获得的能量比全人类在一年中所消耗的能量还要多，所以应该可以把来自荒漠的电供应给 90% 的人类。到目前为止，在实际运用方面失败的主要原因是无法把电运输到其他大洲，以及撒哈拉地区最近的动乱所造成的负面影响。但是这种技术已经准备好了：它已在全世界超过一百个太阳能热发电站里进行过测试。

中国人想通过一个巨大工程战胜荒漠：就像修建著名的长城是为了阻挡游牧民族的攻击一样，一道由树木所组成的绿色城墙也要被用来阻止日益威胁首都北京的沙尘暴。

绿色的愿景

开发适合荒漠农业的新方法可能会带来希望。特别是以色列内盖夫沙漠中的本·古里安大学深入地研究在荒漠种植食物，并且不破坏其脆弱的生态平衡的方法。在那里已经取得的进展也包括一种滴灌技术，它可以对准植物根部浇水，而不是大面积地洒水。这种精心设计、但又简单的软管系统目前已经在世界各地得到广泛应用。

从梦想到噩梦：荒漠不但没有变成绿洲，过度灌溉还导致了土地盐碱化与地下水枯竭。

根据联合国的统计，如今约有 2.5 亿人直接受到荒漠化的影响，最严重的地区是中国西部与非洲。据估计，每年地球都失去 240 亿吨肥沃土壤。

咸 海

1989 年与 2014 年的咸海——由卫星从太空拍摄。咸海曾经是全世界第四大的内陆湖，并且拥有丰富的渔业资源。当它的两条支流中的水被用来浇灌棉花田时，就开始枯竭了。如今它只剩下约 10% 的水量，含盐量却翻了 4 倍。

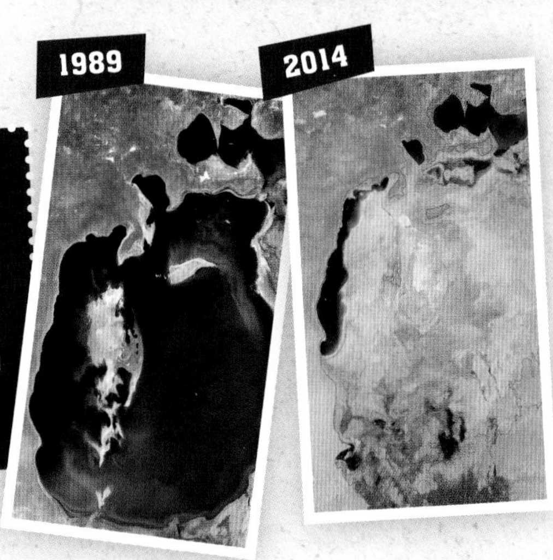

非洲西北部的图阿雷格人是柏柏尔人的分支。他们其中有些人如今仍然是游牧民，并且与他们的骆驼一起穿越在撒哈拉沙漠之中。

名词解释

干　旱：用于形容干燥的气候地带，那里的水分蒸发量多于降水量。

大气层：包围着地球的一圈气体。

贝都因人：居住在荒漠地区的游牧民族，分布于阿拉伯半岛、内盖夫、西奈半岛与撒哈拉东部。

柏柏尔人：撒哈拉西北部地区，从摩洛哥到利比亚的原住民，其中包括属于游牧部落的图阿雷格人。

特有物种：在自然界中，只在某个特定区域存在的动物或植物，例如纳米比沙漠里的百岁兰。

侵蚀作用：风、水、冰所导致的岩石与土壤的剥蚀，通过侵蚀作用会形成新的地表形态与景观。

光合作用：在植物细胞内所进行的，利用太阳能使二氧化碳转变成糖与氧气的过程。

地貌学：地理学的分支，研究地球表面的景观和其形成过程。

哈德里环流圈：以乔治·哈德里的名字命名，他首先使用他的信风理论描述了赤道与亚热带地区之间的空气循环系统。

极端干旱：非常干燥。

殖民主义：历史上的一个时代（在16至20世纪之间），欧洲列强在这段时间里曾经占领了海外其他国家与民族的地区。

殖民者：占领其他国家或民族的土地，或者从经济上剥削其他国家或民族的人。在殖民过程中，殖民者会欺压那些地方的原住民。

大陆内部型荒漠：位于内陆深处的荒漠，因为从海边带来雨水的云在到达荒漠前就已经通过降雨而失去了水分，所以形成了荒漠。

沿海荒漠或雾漠：在大陆西边所形成的荒漠，因为位于寒冷的海流上方的雨云无法上升，所以只能形成雾气。

游牧民：居无定所、四处迁移的牧民。

石油美元（Petrodollar）：利用石油（petroleum）所赚的钱。

雨影荒漠：在高山后方所形成的荒漠，因为雨云已经在山的另一边通过降雨而失去了水分。

地形荒漠：不是由于它的地理位置位于一个特定的气候带（请参看回归线型荒漠），而是由于它特殊的地表形态所形成的荒漠（例如雨影荒漠）。

共生关系：两种生物共同生活在一起，并且双方都从中获得益处。

干燥荒漠或炎热荒漠：因为气候炎热而导致缺乏雨水的荒漠。

回归线：地球南、北纬23°26′的两条纬度圈，它们是热带地区与亚热带地区的分界线。太阳每年一度（北半球6月21日，南半球12月22日）垂直位于回归线上。

回归线型荒漠：位于亚热带地区干燥气候带的荒漠。

图片来源说明 /images sources：

Archiv Tessloff：13（3 Illus Dünenformen），39 下 右；Corbis： 3 下 右（George Steinmetz），3 中左（Kazuyoshi Nomachi），13 下右（George Steinmetz），18 上右（David Keaton），19 上右（George Steinmetz），31 下左（Robert Essel NYC），32 下左（Peter Adams），32 上右（Kazuyoshi Nomachi），32 中右（Juan Echeverria），33 下右（Peter Adams），33 上右（Michel Gunther/Photononstop），33 中（M. ou Me. Desjeux，Bernard），34 下右（Redlink），42 上右（Penny Tweedie），42 上左（Ludo Kuipers），43 中右（Philippe Lissac/Godong），44 下中（Hugh Sitton），44 上右（STRINGER SHANGHAI/Reuters），45 背景图（George Steinmetz），46 上中（David Bathgate），46 下 左（Steve Kaufman），46 下 中（Ed Kashi/VII），47mm（AgStock Images），47 上 中（Li Ran/Xinhua Press），47 上 右（Wang Peng/Xinhua Press），48 上（F. Lukasseck/Masterfile）；Flammersfeld，Anne-Marie：4 上 中（Christoph Gramann），4–5 背景图，5 下右，5 上右；NASA：47 下右；Nature Picture Library：26 下中（Tony Heald），27 上左（Staffan Widstrand），28 下左（Staffan Widstrand），29 中左（Ingo Arndt）；picture alliance：1（Westend61/Egmont Strigl），2 中左（blickwinkel/McPHOTO），2 下 左（blickwinkel/A. Rose），2 上 右（Mary Evans/Grenville Collins P），3 下左（Eric Vargiolu/DPPI Media），6–7 背景图（Bildagentur-online/Saurer），6 上中（Steffen & Alexandra Sailer/Mary Evans Picture Library），6 下左（Jorge Saenz/AP Photo），6 下右（blickwinkel/A. Rose），7 下右（Paul Mayall），7 上左（blickwinkel/McPHOTO），9 下 右（Stuart Black/Robert Harding World Imagery），9 上 左（CPA Media/Pictures From History），10 上左（dpa-Zentralbild/Matthias Tödt），10 中右（Mary Evans/Grenville Collins P），11 上右（Fritz Polking/Bruce Coleman/Photoshot），11 上左（Reinhard Kungel），11 中右（blickwinkel/P. Frischknecht），11 下右（blickwinkel/ S. Sailer/A. Sailer），12 下左（Westend61/Egmont Strigl），12–13 背景图（blick winkel/R. Gemperle），13 上右（S. Muller/WILDLIFE），15 上右（WILDLIFE/M. Harvey），15 中右（WILDLIFE/M. Harvey），15 下左（Instituto de Alta Investigación/Bernardo Arriaza/dpa），16 上 右（Rolf Philips），16–17 背 景 图（Martin Bernetti/AFP Creative），17 中 左（Arco Images/Therin-Weise），18 中（Okapia/Patricio Robles-Gil），18 上 左（blickwinkel/F. Hecker），20 下 左（blickwinkel/S. Sailer/A. Sailer），20 上 右（John Cancalosi/Ardea/Mary Evans Picture Library），21 中 右（united-archives/mcphoto），21 中右（blickwinkel/G. Fischer），21 下右（blickwinkel/G. Fischer），21 中右（Francois Gohier/ardea/ Mary Evans Picture Library），22 下中（bifab），22–23 背景图（blickwinkel/A. Laule），23 中 左（Wolfgang Langenstrassen/dpa），23 下 右（Erwin Patzelt/dpa），23 上右（blickwinkel/S. Sailer/A. Sailer），24 下中（WILDLIFE/HPH），24 上右（Woodfall/John Cancalosi/Photoshot），25 上中（blickwinkel/A. Laule），25 下中（Anka Agency International/Gerard Lacz），25 上 左（Arco Images GmbH/Sator，WHJ），25 上 右（WILDLIFE/I. Shpilenok），27 中右（WILDLIFE/P. Ryan），27 中左（WILDLIFE/M.Harvey），29 上 左（Quagga Illustrations），30 上 右（dpa-Zentralbild/Matthias Toedt），31 上右（Ton Koene），33 下 左（EPA/Mohamed Messara），34 上 左（Eric Vargiolu/DPPI Media），35 下（Mary Evans Picture Library），35 上 右（Bildagentur-online/TIPS-Images），35 中（TPGimages），36 上右（moodboard/Marco Nesche），36 下左（dpa/Jörg Fischer），36 上 中（dpa-Zentralbild/Matthias Tödt），37 上 右（Godong/Michel Gounot），37 下右（WILDLIFE/T. Dressler），37 上左（blickwinkel/fotototo），38 下右（Michel Gounot/GODONG），38 下 左（dpa-Zentralbild/Matthias Tödt），39 下 左（dpa-Zentralbild/Tom Schulze），39 中 中（Walter G. Allgöwer/CHROMORANGE），40 中 左（Ton Koene），40 下（RIA Novosti/Alexandr Kryazhev），41 下 左（Herve Champollion/akg-images），41 中左（Giancarlo Majocchi/AGF/Bildagentur-online），41 下右（Robert Harding World Imagery/Gavin Hellier），42–43 背景图（Robert Harding World Imagery/Lee Frost），42 中 左（Günter Fischer/Chromorange），43 上 右（WILDLIFE/H. Jungius），43 中 右（blickwinkel/McPHOTO），44 上 左（landov/REN JUNCHUAN），45 上右（akg-images），45 中中（D. Harms/WILDLIFE），45 中右（Klaus Ohlenschläger），45 下右（Robert Harding World Imagery/Olivier Goujon），47 中右（dpa-Zentralbild/Matthias Tödt）；Racing the Planet：5 上左（Scott Manthey），5 中右；sanderlw：10–11 背景图；Shutterstock：7 上右（Pichugin Dmitry），8–9 背景图（elgad），8 中 右（Konstantin Bolotov），12 中 右（funkyfrogstock），14 上 中（A. F. Smith），14–15 背 景 图（Guido Am-rein，Switzerland），16 中 右（Alberto Loyo），17 上 右（Vadim Petrakov），18–19 背景图（BMJ），20–21 背景图 /24–25 背景图 /31 背景图 /34–35 背景图 /38–39 背景图 /41 背景图 /47 背景图（Roberaten），20 下中（Angel DiBilio），20–21 背景图（Bernadette Heath），24 上左（reptiles4all），24 下左（Rowan S），26 中右（Vassiliy Fedorenko），26 背景图（Wolfgang Berroth），26 上中（Audrey Snider-Bell），27 下中（Mirko Rosenau），29 中右（John Carnemolla），29 下右（Maxim Petrichuk），30 背景图（Maxim Petrichuk），31 下右（Vladislav T. Jirousek），34 上右（silky），40 上左（Smit），41 中右（Tupungato），44 下左（Nico Traut），45 中右（T photography），45 中（Kitch Bain），46 上右（Perfect Lazybones）；Thinkstock：2 中 /28–29 背景图（eAlisa）3 中右（abramova），3 上右（Vellimuttom Parameswaran Madhu），7 中（typhoonski），12 中左（MarcelC），13 上左（JohnCarnemolla），27 上右（pekka pukema），36–37 背景图（moodboard），40 上中（RudolfT），41 上右（Vellimuttom Parameswaran Madhu），42 下 中（SvetlanaK），42 下 左（Photopips），42 上中（UroshPetrovic），43 下右（Sergii Telesh），43 下中（abramova），43 下左（SafakOguz），46 背景图（Nakisa Photo）；Tophoven，Manfred：2 下右，10 下左，13 中左，14 下左，15 中中，21 上右，21 上中，39 上右，39 中右；Wikipedia：2 中右（Larrousiney），12 上右（Vitor 1234），13 下左（Larrousiney），15 下中（Nicole Saffie/Pontificia Universidad Católica de Chile），16 中 中（Báthory Péter），17 上左（Valdiney Pimenta），18 下 左（Liam Quinn），18 中 左（Alastair Rae），19 中 右（Till Niermann），21 下 中（Hansueli Krapf），22 下 右（Phil41），23 上 中（Marco Schmidt），25 下 左（Zachi Evenor），26 下 右（Hans Hillewaert），27 上 中（Ingo Rechenberg），27 下 左（Antoshin Konstantin），31 上 左（Gebrüder Haeckel），32 下右（Mark Dingemanse），35 中左（PD-US；PD-ART，1862），47 下中（NASA）

环衬：Shutterstock：下右（VikaSuh）

封面照片：Corbis：（Yann Arthus-Bertrand），封 4：Shutterstock：（Armin Rose）

设计：independent Medien-Design

内 容 提 要

我们将在书中看到坚强的沙漠之舟——骆驼，亲眼目睹沙漠干燥的空气、缺乏的雨水、稀薄的植被和令人惊叹的沙漠奇观，领略世界各地广阔沙漠的独特气候和风景，感受大自然的奥秘。《德国少年儿童百科知识全书·珍藏版》是一套引进自德国的知名少儿科普读物，内容丰富、门类齐全，内容涉及自然、地理、动物、植物、天文、地质、科技、人文等多个学科领域。本书运用丰富而精美的图片、生动的实例和青少年能够理解的语言来解释复杂的科学现象，非常适合7岁以上的孩子阅读。全套书系统地、全方位地介绍了各个门类的知识，书中体现出德国人严谨的逻辑思维方式，相信对拓宽孩子的知识视野将起到积极作用。

图书在版编目（CIP）数据

沙漠之旅 /（德）雅丽珊德拉·韦德斯著 ；张依妮译. -- 北京 ：航空工业出版社，2022.3
（德国少年儿童百科知识全书 ：珍藏版）
ISBN 978-7-5165-2892-1

Ⅰ. ①沙… Ⅱ. ①雅… ②张… Ⅲ. ①沙漠－少儿读物 Ⅳ. ①P941.73-49

中国版本图书馆CIP数据核字（2022）第025112号

著作权合同登记号
图字 01-2021-6342

WüSTEN Nomaden, Oasen und endlose Weiten
By Alexandra Werdes

沙漠之旅
Shamo Zhi Lv

航空工业出版社出版发行
（北京市朝阳区京顺路5号曙光大厦C座四层 100028）
发行部电话：010-85672663 010-85672683

鹤山雅图仕印刷有限公司印刷　　全国各地新华书店经售
2022年3月第1版　　2022年3月第1次印刷
开本：889×1194 1/16　　字数：50千字
印张：3.5　　定价：35.00元